AF508893

CATALOGUE RAISONNÉ

DES

PLANTES PHANÉROGAMES

qui croissent spontanément dans

LE DÉPARTEMENT DE LA CHARENTE.

Les Botanistes qui auraient des renseignements à nous fournir sur les plantes de la Charente, sont priés de les adresser au domicile de M. de Rochebrune, rue de Beaulieu, à Angoulême.

ANGOULÊME. — IMPRIMÉ PAR ARDANT JEUNE.

CATALOGUE

RAISONNÉ

DES PLANTES

PHANÉROGAMES

QUI CROISSENT SPONTANÉMENT DANS LE DÉPARTEMENT

DE LA CHARENTE

PAR

M. ALPHONSE TRÉMEAU DE ROCHEBRUNE,

Membre des Sociétés Botanique de France ; d'Agriculture, Arts et Commerce de la
Charente. — Correspondant de la Société Linnéenne de Bordeaux , etc. ;

ET

M. ALEXANDRE SAVATIER,

Docteur en médecine. — Membre de la Société Botanique de France , etc.

A PARIS,

CHEZ J.-B. BAILLIÈRE,

Libraire de l'Académie impériale de Médecine ,
Rue Hautefeuille , 19.

1860.

AVANT-PROPOS.

—

Les études Botaniques ont pris en France, depuis quelques années, de vastes proportions. L'impulsion donnée par les Sociétés savantes des départements, et surtout la fondation d'une Société Botanique, à laquelle viennent se rallier les Botanistes de tous les pays, contribue, chaque jour, au progrès de cette branche des sciences naturelles.

Il y a lieu de s'en féliciter.

Sans doute, il est beau, comme le disait un de nos savants collègues (1), de parcourir des pays lointains

---

(1) Sur la végétation du centre de la France. etc., par M. le comte Jaubert. — Bull. soc. Bot. t. VI, p. 537, nº 8

à la recherche de plantes inconnues, et de multiplier les points de comparaison, à l'aide desquels se perfectionne la méthode naturelle; mais tout est-il accompli, en fait de progrès, dans notre pays même?

On ne peut répondre que négativement à cette question, car, beaucoup de départements en France n'ont pas été encore explorés, ou bien ne l'ont été que d'une manière superficielle, et dans ceux-là, sans aucun doute, le naturaliste est certain de faire une abondante moisson.

Le département de la Charente peut être mis au premier rang parmi ceux qui n'ont été l'objet d'aucune étude relative à la Botanique.

Au milieu du mouvement scientifique, auquel ont pris part ceux qui l'avoisinent, il est toujours resté indifférent.

De ces départements limitrophes, quatre à notre connaissance, sont aujourd'hui pourvus d'ouvrages estimés sur la Botanique.

La Charente-Inférieure, sans parler de nombreuses notices relatives à sa végétation, possède le catalogue de M. L. Faye, et occupe une large place dans la Flore de l'Ouest de la France, par M. J. Lloyd;

La Vienne a été dotée, en 1842, de la Flore de M. Delastre, ouvrage classé, à juste titre, dès son apparition, au nombre des meilleurs, dont différents départements ont été l'objet;

La Dordogne vient de voir terminer, tout récemment, le catalogue raisonné de ses Phanérogames, par M. Ch. Desmoulins, cet éminent naturaliste qui a publié tant de travaux importants sur toutes les branches des sciences, catalogue dont elle a le droit de s'enorgueillir, car il marche de pair avec les Flores les plus estimées;

La Gironde enfin, portera, longtemps encore, le deuil de l'homme savant et modeste, dont la Flore compte quatre éditions successives, le vertueux professeur Laterrade.

On s'étonne qu'avec d'aussi illustres maîtres pour voisins, personne, dans la Charente, n'ait pris jusqu'ici l'initiative, pour faire sortir notre département de sa longue apathie.

Ne doit-on pas en attribuer la cause au nombre très-restreint de Botanistes Charentais, et il faut bien le dire, à l'indifférence de ses habitants pour les études scientifiques?

Peu de départements, cependant, offrent une végétation plus digne de captiver l'attention des observateurs.

Les vastes coteaux calcaires des environs d'Angoulême, connus dans le pays sous le nom de chaumes; les landes siliceuses de Barbezieux, des environs de Chantillac et de Chalais; les groies du canton de Cognac; les rochers granitiques, les ruisseaux et les marécages de Confolens, nourrissent des espèces rares, quelques-unes même que l'on chercherait vainement ailleurs.

Cette richesse de végétation doit-elle être attribuée à la position géographique du département ou bien à la constitution géologique du sol?

Pour nous, l'influence exercée par les éléments géologiques qui en constituent l'ossature, joue un rôle puissant; mais sans entrer dans ces considérations, laissons à de plus compétents que nous, le soin de trancher la question.

On le sait, deux camps, où les plus illustres de la science ont pris place, se sont formés relativement à cette grave question, et malgré l'axiôme formulé par le père de la Botanique, dans le *Philosophia Botanica* § *334* :

« Dignoscitur sic ex sola inspectione plantarum subjecta terra et solum. »

deux théories se sont produites.

En présence de ces faits, nous pensons qu'il est utile de donner ici un aperçu rapide des terrains qui constituent le sol de la Charente, afin que l'on puisse établir un terme de comparaison, entre ses végétaux et les formations géologiques sur lesquelles ils croissent (1).

----

(1) Ces renseignements ont été puisés dans le savant ouvrage comprenant : la description physique, géologique, paléontologique et minéra-

Le département de la Charente, d'une superficie de 594,543 hectares 46 ares, se trouve divisé en deux régions distinctes :

La première comprend les roches Granitiques et les Schistes cristallins; la seconde est occupée par la formation Crétacée.

Le groupe Granitique du Limousin, dont la bande orientale du département fait partie, surgit du milieu des terrains secondaires, sous la forme d'une île vaste, dont la surface est sillonnée d'innombrables petits ruisseaux et creusée de vallées abruptes et profondes.

Cette large étendue Granitique, qui s'appuie à la fois sur les trois départements : de la Vienne, de la Haute-Vienne et de la Dordogne, comprend la majeure partie de l'arrondissement de Confolens, et vient disparaître, après avoir planté quelques jalons, dans les alentours du canton de Montbron.

Tout le reste du département est occupé par les terrains secondaires; toutefois, nous devons signaler

---

logique du département de la Charente, par mon ami M. H. Coquand, professeur de géologie et de minéralogie à la faculté des Sciences de Marseille. Qu'il me soit permis de lui témoigner ici ma profonde reconnaissance pour l'amitié dont il a bien voulu m'honorer ; je le remercie aussi, d'une manière toute particulière, de l'honneur qu'il m'a fait, en donnant mon modeste nom et celui de mon Père, à un grand nombre de fossiles inédits, qu'il a rencontré dans nos collections paléontologiques
                              Note de M. Alphonse de Rochebrune.

la présence de quelques lambeaux du terrain tertiaire représentés par les Sables de nos landes et les espaces occupés par les Cailloux roulés.

Les alluvions modernes sont représentées par les Tourbes, qui forment la base de toutes les prairies basses.

Les terrains secondaires comprennent la formation Jurassique et la formation Crétacée.

Si l'on suit jusqu'au bourg de Chassenon, célèbre par les restes de ses constructions Romaines, on rencontre un lambeau de l'étage Triassique, représenté par le Grès bigarré, qui se prolonge jusqu'à Pressignac et Bonnetève.

La formation Jurassique, avec tous ses étages, depuis les argiles de Purbeck, jusqu'au Grès infraliassique, affecte la forme d'un immense carré (1).

Elle comprend : tout l'arrondissement de Ruffec ; la partie nord de celui d'Angoulême ; la bande occidentale de celui de Confolens, et pousse une langue étroite dans la portion septentrionale des cantons de

---

(1) La formation Jurassique, dans la Charente, se divise en quatre groupes, subdivisés en treize étages. Les groupes comprennent : 1º *Jurassique supérieur ;* 2º *Jurassique moyen ;* 3º *Jurassique inférieur ;* 4º *Lias.* — Les étages sont : 1º *Lias infraliassique ;* 2º *Lias inférieur ;* 3º *Lias moyen ;* 4º *Lias supérieur ;* 5º *Oolithe ferrugineuse ;* 6º *Grande Oolithe ;* 7º *Cornbrasch ;* 8º *Kellovien ,* 9º *Oxfordien ;* 10º *Corallien ;* 11º *Kimmeridgien ;* 12º *Portlandien ;* 13º *Purbeckien.* (Coq loc. cit. p. 156).

(Note de M A de ROCHEBRUNE).

Cognac et de Jarnac, où se rencontrent les argiles de Purbeck.

La formation Crétacée embrasse la totalité des arrondissements de Barbezieux et de Cognac, ainsi qu'une grande partie de celui d'Angoulême.

Tous ses étages y sont largement représentés, à l'exception, cependant, du Néocomien et du Gault. La craie Tufau n'est représentée que par la portion des Grès verts, supérieurs à la craie chloritée de Rouen (1).

Tel qu'on vient de le voir, le département de la Charente renferme la série presque toute entière des formations géologiques.

Presque les seuls représentants de la Botanique, dans la Charente, nous commençons, dans notre département, l'histoire de la science des végétaux.

Après quinze années d'études et de recherches in-

---

(1) M. Coquand (loc. cit. p. 376 et suiv.) a divisé la formation Crétacée, dans le département de la Charente, en deux groupes et huit étages ; deux groupes : 1º *Craie inférieure ;* 2º *Craie supérieure.*

Les huit étages sont désignés par les noms des lieux où chacun d'eux est le mieux développé et parfaitement tranché par la présence de fossiles constants. Nous adoptons la nomenclature du savant professeur, dont les conseils nous ont été si utiles pour nos études géologiques. Ces étages par lesquels nous désignerons nos stations des plantes de la craie sont les suivants : 1º *Gardonien* ; 2º *Carentonien* ; 3º *Angoumien :* 4º *Provencien ;* 5º *Coniacien ;* 6º *Santonien ;* 7º *Campanien* ; 8º *Dordonien.*

(Note de M. A. de ROCHEBRUNE).

cessantes, persuadés que le moment n'était pas encore venu de publier une Flore Charentaise (1), nous avons songé à réunir, dans un catalogue, les plantes de nos différentes régions.

Ce travail, il faut le dire, nous a été d'autant plus pénible, que nous avons marché *seuls*, n'ayant pour guide que notre amour pour la science, à laquelle nous nous sommes consacrés depuis notre plus tendre adolescence.

Le département de la Charente, nous en avons déjà exprimé le regret, ne compte qu'un nombre très-restreint de Botanistes.

Aucun ouvrage, jusqu'ici, n'a été publié sur les plantes de nos régions, à l'exception, cependant, d'une courte liste qui comprend plus d'espèces cultivées que spontanées, liste publiée par M. Giboin, dans la statistique du département de la Charente, de M. Quenot, en 1818 (2).

Malgré tous nos efforts, notre catalogue laissera nécessairement quelques lacunes ; nous espérons que nos rares collègues de la Charente nous aideront à les combler.

---

(1) Nous pensons que, dans un temps peu éloigné, nous pourrons donner au public une Flore des deux Charentes. De nombreux matériaux sont déjà disposés pour ce travail.

(2) Cette liste ne porte aucune indication de localités

Que MM. Guillon, inspecteur des contributions indirectes à Cognac;. Lecler, médecin à Rouillac; A. Clavaud, à Bordeaux, et Détoc fils, à Angoulême, reçoivent ici nos remercîments, pour les renseignements qu'ils nous ont fournis.

Nous pensons que, par la suite, leur bienveillant concours ne nous fera pas défaut, et qu'ils voudront bien nous fournir des matériaux pour la publication des suppléments que nous ferons paraître à la suite de ce catalogue.

Qu'il nous soit aussi permis de payer à notre ami M. Puel, médecin à Paris, un juste tribut de remercîments, pour l'obligeance qu'il a mise à éclairer nos doutes et à soumettre nos espèces litigieuses au contrôle d'éminents Botanistes.

Nous voudrions terminer ici cet avant-propos déjà trop long pour un ouvrage de si faible importance; nous croyons cependant utile de donner quelques détails sur le plan de notre catalogue.

Afin d'éviter les erreurs de nomenclature qui auraient pu se glisser en suivant une marche contraire, nous ne publions que les espèces que nous possédons en herbier, quand bien même nous saurions que certaines espèces, que nous pouvons ne pas posséder encore, existent réellement dans le département.

Les localités ont été pour nous l'objet d'un soin particulier, et nous n'avons jamais négligé de vérifier celles qui nous avaient été indiquées.

Par ce moyen, nous sommes certains de l'authenticité de nos indications.

Nous avons suivi la Flore de France de MM. Grenier et Godron, cet ouvrage nous ayant paru le plus convenable pour notre genre de travail.

Si d'un côté nous avons rejeté certaines espèces décrites dans cette Flore, que d'un autre nous ayons adopté quelques-unes de celles créées par M. Jordan, et qu'en outre nous en ayons conservé plusieurs reconnues par les auteurs antérieurs aux éminents Botanistes que nous venons de citer, nous faisons observer les motifs qui nous ont conduit à faire ce choix ou ces éliminations.

Lorsque certaines espèces nous ont paru présenter soit des formes, soit des variétés, soit même des caractères non encore observés, nous sommes entrés dans quelques détails tendant à justifier le but de nos appréciations.

Nous avons indiqué, par les signes généralement employés, le plus ou moins de rareté et d'abondance des espèces.

Nous faisons suivre chaque nom de localité, surtout pour les espèces rares, du nom géologique des terrains sur lesquels elles croissent.

Les espèces ou les localités qui nous ont été fournies par les Botanistes Charentais précités, sont suivies de leurs noms écrits en entier.

Disons enfin, que nous ne nous sommes pas partagé le travail, et que tout a été fait simultanément et en commun.

1ᵉʳ juin 1860.

CATALOGUE RAISONNÉ

DES

PLANTES PHANÉROGAMES

QUI CROISSENT SPONTANÉMENT DANS

LE DÉPARTEMENT DE LA CHARENTE.

I. RANUNCULACEÆ (Juss.)

CLEMATIS VITALBA *L. sp.* 766. *Giboin in quenot st. ch. p.* 40.
Lloyd fl. de l'Ouest p. 2. *C.C.* — Haies-buissons ; Rabion, Syllac, près Angoulème (*Angoumien*); Ruelle (*Kimmeridgien*) ; communes de Verdille, Sonneville, Auge
(*Portlandien*).

THALICTRUM MINUS *L. sp.* 769. — *Th. montanum. Wallr.
sched.* 255. *R.* — Cette espèce n'a été trouvée à notre connaissance, dans le département, que dans des décombres,
au milieu d'une vigne, à Condac, commune de Longré,
(*Portlandien*).

2

Var. 6. **umbrosum** *Coss. et Germ. fl. par. p.* 4. — Cette variété croît le long d'un fossé ombragé, non loin du type, à Condac ; elle est également rare.

— **flavum** *L. sp.* 770. *D.C. fl. fr.* 4. *p.* 877. *C.C.* — Bords des eaux et prairies humides ; marais du Bouchet, commune de Lupsault ; toute la vallée arrosée par le Peré et l'Houme ; Jarnac (*Purbeck*) ; bords de la Charente, près Angoulême.

Var. 6. **angustifolium** *Gren. et God. fl. fr. p.* 9. — Assez souvent mélangé avec le type, mais plus rare. Bords des fossés des Bretonnières, près Roullet.

Anemone nemorosa *L. sp.* 762. *Giboin in quenot. st. ch. p.* 40. *A.C.* — Bois des Bouchauds, près Saint-Cybardeaux (*Portlandien*) ; Petite-Garenne *(Cailloux Roulés)* ; Oisellerie (*Angoumien*). Cette plante, peu répandue dans le département, est très-commune dans les localités où elle se rencontre.

Adonis autumnalis *L. sp.* 771. *Giboin in quenot. st. ch. p.* 40. *Desm. cat. Dordogne in. act. soc. Linn. de Bordeaux. t. XI. p.* 178. — Champs et moissons calcaires des communes d'Oradour, Lupsault, les Gours (*Kimmeridgien*); l'Arche, près Angoulême (*Angoumien*).

M. Desmoulins (*loc. cit.*), indique cette espèce dans les blés des terres fortes où l'eau séjourne quelquefois. Nous ne l'avons jamais rencontrée dans le département de la Charente, que dans des terrains rocailleux et d'une sècheresse excessive.

— **flammea** *Jacq. aust. t.* 355. *Coss. et Germ. fl. par. illustr. t. III. fig.* 5 *et* 6. *A. R.* — Mêmes lieux que le précédent. Pétales de forme et de grandeur très-variable.

Genre BATRACHIUM (D C.)

Le genre BATRACHIUM , proposé par Wimmer et adopté depuis par la majorité des Botanistes, et notamment par MM. Fries, Schultz et Desmoulins (*supp. fin. cat. Dordogne p.* 3.), est nettement tranché. MM. Grenier et Godron (*fl. fr.* 1. *p.* 19.), qui ne le considèrent que comme une section du genre RANUNCULUS , l'ont parfaitement défini : — *Pétales blancs avec l'onglet ordinairement jaune ; nectaires sans écailles ; carpelles ridés en travers* (*loc. cit.*). Ne doit-on pas ajouter avec M. l'abbé Revel (*notice sur les Renuncules batraciennes de la Dordogne* (*act. soc. Lin. Bord. t. XIX. p.* 116) , *Plantes aquatiques ?*

Les caractères constants qui distinguent ce groupe du genre RANUNCULUS d'une manière précise, et l'adoption du genre BATRACHIUM par les savants auteurs précités, nous paraissent plus que suffisants pour légitimer sa création.

A l'exemple de MM. Fries, Schultz et Desmoulins, nous énumérons nos espèces de Renuncules Batraciennes, sous la dénomination du genre BATRACHIUM.

BATRACHIUM HEDERACEUM *Fries. Ranunculus hederaceus. L. sp.* 781. — *Coss. et Germ. fl. par. p.* 9. *ill. t.* 1. *f.* 1. 2. *A.R.* — Landes de Chantillac (*Dordonien*); marécages près le cimetière de Brillac (*Granit*); fossés le long de la route, près Lesterps (*Schistes cristallins*).

— OLOLEUCOS *Lloyd fl. Loir.-Inf. p.* 3. (*sub ranunculo*).

*Ranunculus petiveri Coss. et Germ. fl. par. p.10. t. I.
fl. 5 et 6. R. tripartitus ?. obtusiflorus D C. syst. 1. p.
231 R.R.*

Nous n'avons rencontré cette rare espèce que dans une mare voisine du village de Puycouteau, commune de Touvérac (*sables tertiaires reposant sur le Dordonien*).

— AQUATILE *Wimm. R. aquatilis L. sp.* 781 — *R. aquatilis. Giboin in quenot. st. ch. p.* 40. **C.C.** — Dans la Charente; pont de Saint-Cybard, Roffit, près Angoulême; bras de la Charente, au lieu appelé La Pierre.

Var. α. FLUITANS *Gren. et God. fl. fr. t. I. p.* 23. **P. C.** — Fossés de la Charente, près Jarnac (*Purbeckien*).

— TRICHOPHYLLUM *Chaix. R. trichophyllus. Gren. et God. fl. fr. t. I. p.* 23. *R. capillaceus Thuil.* **R.** *pantothrix, Bertol. fl. ital.* 5. *p.* 575. **P.C.** — Fossés près Longré ; bords de la Charente (*Kimmeridgien*).

Var. α. FLUITANS *Gren. et God. fl. fr. t. I. p.* 21. **C.C.** — Tous les fossés : Vesnat (*Kimmeridgien*) ; St-Michel (*Carentonien*); l'Oisellerie (*id.*); Châteauneuf (*id.*).

Var. 6. TERRESTRIS *Gren. et God. fl fr. t. I. p.* 24. **P.C.** — Dans les mêmes lieux que le précédent. Nous n'avons rencontré jusqu'ici que le *Batrachium tricophyllum* qui nous ait fourni une forme terrestre. Cela tient à l'abondance du type et à sa station dans les fossés que les grandes sècheresses tarissent facilement.

— DROUETTII *F. Schultz. (sub ranunculo). arch. fl. fr. et d'alm.* 1. *p.* 85. *Gren. et God. fl. fr. t. I. p.* 24. *sub ranunculo).* **A.R.** — Trous pleins d'eau formés pour l'extraction de l'argile téguline destinée aux tuileries. — Tui-lerie de Lunesse, sur la route d'Angoulême à Limoges (*ar-giles reposant sur l'Angoumien*).

— DIVARICATUM *Schrank*. (*sub ranunculo*) *Gren. et God. fl. fr.* 1. *p.* 25. *Ranunculus circinatus Sibth. Oxon. p.* 175. — Bords de la Charente ; marécages de Saint-Cybard, près Angoulême ; Poudrerie, canal de fuite ; Roffit, Prairie de Vesnat, sur le bord de la Charente.

— FLUITANS *Lam*. (*sub ranunculo*). *fl. fr.* 3. *p.* 184. — *R. fluitans Gren. et God. fl. fr.* 1. *p.* 25. *R. aquatilis var. peucedanifolius D C. fl. fr.* 4. *p.* 894. *C.C.* — Dans la Charente : îles de Roffit, îles de Saint-Cybard, au bas d'Angoulême.

Nous n'avons jamais rencontré cette espèce en fructification. Les auteurs de la Flore des environs de Paris et de la Flore de France lui donnent pour caractères : 5-9 pétales (*fl. fr. loc. cit.*), 5-12 pétales (*flor. par. p.* 11. *et ill. t. II. f.*1.) ; malgré nos recherches, nous n'avons vu que des échantillons à 5 pétales grands de 15-20 millimètres.

RANUNCULUS FLAMMULA *L. sp.* 772. *Giboin in quenot. st. ch. p.* 40. *C.C.* — Fossés, lieux humides, bords des eaux, marais d'Aigre (*Kimmeridgien*); tout le pays bas (*Coniacien*).

Nous avons ici le type et la forme *reptans* non *var. reptans L.* ne présentant aucun des caractères du véritable *reptans* Linnéen, caractérisé par M. Koch (*add. au* 1er *vol. de la* 2e *édit. du Synopsis*). Cette variation croît mélangée avec le type.

Forme NATANS (*Nobis*). *A.R.* — Nous avons rencontré cette forme curieuse dans les fossés des bords de la Charente, le

long de la prairie de Vesnat. Voici ces principaux caractères :

*Sépales ovales, légèrement pubescents; pétales de 1 mill.
dépassant à peine le calice, d'un jaune pâle luisant; carpelles 8-10, petits, lenticulaires, à bec court, caduc, finement
tuberculeux; receptacle glabre; feuilles ovales, lancéolées,
subsessiles, denticulées; tiges grêles, fistuleuses, pauciflores,
nageantes, nues dans leur portion inférieure, submergées,
glabres, très-finement pubescentes au sommet.*

Cette variété se distingue du *R. flammula*, par ses carpelles, *finement tuberculeux*, lisses dans le type, *lenticulaires* et
non renflés ; par ses feuilles *ovales lancéolées* et non lancéolées
linéaires ; *denticulées*, non entières ; par ses tiges *submergées*,
nageantes et non terrestres, dressées ou radicantes.

— AURICOMUS *L. sp.* 775. *Giboin in quenot st. ch. p.* 40.
     A.R. — Bois humides et ombragés ; bois Beaudrau, com-
     mune des Gours (*Kimmeridgien*) ; bois l'Oiseau, près
     Sonneville (*id.*) ; bois de Condac, près Ruffec (*Oxfordien*).

— ACRIS *L. sp.* 779. *C.C.*— Forme le fond de toutes les prai-
     ries.

On rencontre une variation de cette espèce croissant au bord
des fossés de la Charente et en partie submergée. — *Tiges de
1 à 1/2 décimètre, glabres; fleurs très-petites; feuilles, les
supérieures, nageantes, à limbe très-étroit; suborbiculaires,
crénelées.* Cette forme se perpétue depuis plusieurs années dans
un fossé de la commune de Saint-Yrieix.

— SYLVATICUS *Thuill. fl. par.* 276. — *R. nemorosus D C.
     syst. 1. p. 280. A R.* — Bois l'Oiseau, commune de Son-

neville; bois de Bouchalet, près Saint-Cybardeaux (*Kim-meridgien*); forêt de Ruffec (*Oxfordien*).

— REPENS *L. sp.* 779. *C.C.* — Champs cultivés, lieux incultes. Les Mortiers, commune d'Anville (*Portlandien*); champs près Ruffec (*Oxfordien*); Syllac, près Angoulême (*Carentonien*); Saint-Michel (*id.*).

— BULBOSUS *L. sp.* 778. *C.C.C.*— Syllac (*Carentonien*); moissons de Châteauneuf (*id.*); les Planes (*sables tertiaires*); Hiersac (*Portlandien*); Jarnac (*Purbeckien*).

Les souches de cette espèce acquièrent, dans les terrains sablonneux, des dimensions considérables.

Ces souches qui contiennent une grande quantité de fécule amylacée, présentent un phénomène remarquable; lorsqu'on les réduit en pulpe, à l'aide d'une râpe, il s'en échappe une huile volatile, qui excite le larmoiement à un haut degré. Le phénomène est identique à celui que l'on observe en coupant les bulbes de l'*Alium cepa* (*L.*).

— PHILONOTIS *Retz. obs.* 6. *p.* 31. *A.R.* — Route de Sainte-Sévère à Cognac, près La Venerie (*Coniacien*).

— PARVIFLORUS *L. sp.* 780. *C.* — Lieux cultivés; vignes de Sainte-Sévère (*Coniacien*); Massac; Cherves (*Purbeckien*); Roullet (*Carentonien*); Sireuil (*id.*).

La variété 6. *Subapetalus* (*Gren. et God. fl. fr* 1. *p.* 37. *Ranunculus apetalus V. Aug. ann. soc. Lin.* 1. *p.* 193), ne nous semble pas devoir constituer même une variation; car on rencontre, souvent sur un même pied, des pétales *tantôt plus longs*, *tantôt bien plus courts* que le calice.

Nous avons observé constamment ces différentes variations sur la presque totalité des nombreux échantillons que nous avons recueillis.

— OPHIOGLOSSIFOLIUS *Vill. Dauph.* 4. *t.* 49. *R. cordifolius Bast. fl. M. et L. p.* 207. *R.* — Prairie entre Ranville et Chez-Negret (*Kimmeridgien*); Auge (*Portlandien*); ruisseau près l'église de La Chatre, commune de Saint-Trojean (*Carentonien*).

— ARVENSIS *L. sp.* 780. C.C.C. — Dans toutes les moissons.

FICARIA RANUNCULOIDES *Mœnch. meth.* 215. *Ranunculus ficaria L. sp.* 774. C.C.C. — Dans toutès les prairies, les bois ; le long des chemins.

D'après le savant auteur du catalogue des Phanérogames de la Dordogne (*suppl. fin. p.* 8.), les carpelles dans le genre *Ficaria* avortent le plus souvent. *C'est une sorte de rareté*, dit-il, *de rencontrer la plante en bon état de fructification.* Il est rare, en effet, de trouver les carpelles de cette plante en parfait état ; mais deux causes, selon nous, influent sur leur développement complet.

Une humidité constante et un lieu ombragé sont indispensables.

Nous avons *toujours* rencontré la présence des carpelles parfaits dans les localités soumises aux influences précitées. C'est ainsi que l'on rencontre le *Ficaria*, constamment fructifié dans une portion de la forêt de Basseau, tout près du mur d'enceinte de la Poudrerie ; à Lunesse, près Angoulême, sous une vieille charmille, au bord d'un fossé d'eau vive.

Les carpelles avortent *sans exception* dans les prairies et les lieux découverts, quoiqu'ils soient toujours humides.

Var. **bulbifera.** *R.R.*— Cette variété, ou plutôt cet état du *Ficaria ranunculoides*, se présente rarement. Nous ne l'avons vu que dans les îles de Roffit, près Chalonnes, où nous l'avons observé pour la première fois, le 15 juillet 1857, et où nous l'avons observé depuis cette époque.

M. E. Germain de Saint-Pierre, a publié dans le bulletin de la Société botanique de France (*t. III. p.* 11.), un travail sur la *structure des faux bulbilles du Ficaria, comparée à la structure des ophrydobulbes, etc.* M. Clos a également publié un travail *sur les bulbilles de la Ficaire* (*ann. sc. nat.* 1852). Nous ne connaissons que la première de ces deux notices.

M. Germain de Saint-Pierre étudie la question seulement au point de vue physiologique.

Nous avons recherché à quelles causes pouvait être attribuée cette production des bulbilles du *Ficaria*, et nous sommes parvenus aux résultats suivants.

Il est bon de noter, en premier lieu, que les sujets bulbifères sont tous invariablement dépourvus de carpelles fertiles.

Les causes que nous avons signalées précédemment, comme indispensables au développement complet des carpelles, sont en quelque sorte identiques pour la production des bulbilles. Seulement, on doit remarquer cette différence assez sensible, qui consiste en ce qu'il faut que les *Ficaria* bulbifères aient été longtemps submergés.

La seule localité où nous avons observé cette forme, est tous les hivers couverte par les crues de la Charente.

Cette année (1860), où les innondations ont été exceptionnelles par leur force et leur durée, la production des bulbilles a été bien supérieure à celles des années précédentes, où les *Ficaria* avaient été soumis à des submersions de bien plus courte durée.

Les échantillons recueillis, présentent trois à quatre fibres radicales, renflées, oblongues, obovales, les tiges couchées portent à leur partie inférieure, à l'insertion des feuilles radicales, sur ce que nous pourrions appeler le collet, de 20 à 30 bulbilles globuleux, qui accolés les uns aux autres, forment un volumineux paquet, à demi enfoui dans le sol. L'expression de M. Germain de Saint-Pierre *(loc. cit.)* « *racine multiple de la griffe radicale du Ficaria* » nous semble caractériser parfaitement cet état (1).

Les bourgeons développés à l'aisselle des feuilles caulinaires (1, quelquefois 2-3 à l'aisselle de la même feuille) ont la même forme que ceux des feuilles radicales.

M. Germain de Saint-Pierre dit *(loc. cit.)* que, c'est seulement après leur chute sur la terre, que les bourgeons se développent et deviennent à leur tour plante mère.

Nous avons été témoins de nombreux exemples du contraire.

---

(1) M. Germain de Saint-Pierre, contrairement à l'opinion de M. Clos, insiste sur ce point à savoir : qu'il admet un bourgeon pour l'ensemble des racines ovoïdes. D'après nos observations, l'ensemble des racines ovoïdes de M. Germain de Saint-Pierre, ou le paquet de bulbilles du collet, que nous décrivons ici, n'est que le résultat d'une accumulation de bulbilles à l'aisselle des feuilles radicales, identique à ce qui se présente dans certains cas à l'aisselle des feuilles caulinaires, lorsqu'il vient à s'y produire deux ou plusieurs bulbilles.

Il se rencontre souvent, il est vrai, que le bougeon ou pour mieux dire le bulbille détaché de la plante mère, rencontrant un sol humide, y prospère, et après y avoir *germé*, accomplisse toutes ses phases de végétation ; mais nous l'avons plus communément vu germer sur la plante mère.

Il arrive également, et *ce phénomène est le plus commun*, que l'orsqu'il existe 2 ou 3 bulbilles à l'aisselle de deux feuilles caulinaires opposées, la tige qui les porte se flétrit *immédiatement au-dessous de l'insertion*, alors que les deux feuilles sont encore pleines de vigueur ; tombant à ce moment sur le sol, les feuilles anciennes qui restent attachées aux bulbilles continuent à végéter ; pendant que ces bulbilles, subissent leur évolution germinative, pour ne se flétrir que lorsqu'ils ont acquis les conditions nécessaires pour constituer une nouvelle plante.

Ces phénomènes offrent une étroite analogie avec une plante d'une autre famille, le *Cardamine patrensis* (1).

CALTHA PALUSTRIS *L. sp.* 784. *Giboin in quenot st. ch.* *p.* 40.— Les prairies humides, bords des rivières. Vesnat ; St-Michel (*Carentonien*) ; prairies de l'Houme et du Peré (*Kimmeridgien*). *A. C.*

HELLEBORUS FOETIDUS *L. sp.* 784. *Koch. syn.* 22. *Giboin in quenot st. ch. p.* 40. *C.C.C.*— Lieux ombragés des bois, décombres, aux pieds des rochers, endroits rocailleux. Hurtebise ; St-Marc (*Angoumien*) ; Cherves (*Purbeck.*)

---

(1) Voir l'observation sur les bulbilles de cette plante, page 41 et suiv. de ce catalogue.

Isopyrum thalictroides *L. sp.* 783. — *Helleborus thalic-*
troides. D C. fl. fr. 4. *p.* 929. *R.R.R.* — Nous n'avons
rencontré cette charmante plante que dans la forêt de
Ruffec, près la maison du garde, dans un endroit rocailleux et ombragé *(Oxfordien)*.

Nigella damascena *L. sp.* 753. *Nigella arvensis. Giboin in*
quenot st. ch. p. 40. *A.C.* — Moissons du Maine-Blanc,
sous Angoulême *(Angoumien)*; vignes de Breuty *(id.)*;
Rouillac *(Portlandien)*. (Lecler).

Cette espèce indiquée par MM. Grenier et Godron *(flor. fr.*
t. 1 *p.* 43), comme particulière à la région des oliviers, de Nice
à Perpignan, est sans aucun doute parfaitement spontanée dans
le département de la Charente ; les nombreuses localités où
elle se rencontre ne laissent aucun doute à ce sujet.

Il est à remarquer que ses graines triquètres et ridées trans-
versalement d'après les auteurs de la Flore de France *(loc. cit.)*
sont aussi *fortement tuberculeuses.*

— Gallica *Jord. pug. pl. nov. p.* 3. *N. hipanica Gren.*
et God. fl. fr. p. 44. *(non L.) N. hispanica, var. Cosson*
not. pl. esp. p. 49. *A.R.* — Moissons de Beauregard,
près Angoulême *(Carentonien)*; Verdille ; Lupsault *(Port-*
landien); Sonneville (Lecler). Presque toujours mélangé
avec l'espèce précédente.

C'est bien le *N. gallica J.* longtemps confondu avec le *N.*
hispanica L. dont il diffère surtout par ses graines plus grandes
du double, et par ses carpelles dont le bec présente *trois ner-*
vures, les deux latérales descendant jusqu'au tiers environ de
la capsule et non pas *uninerviées.*

Aquilegia vulgaris *L. sp.* 752. *Giboin in quenot. st ch.*

p. 40. *A.C.* — Bords des bois et des prairies ; St-Marc ; Hurtebise (*Angoumien*); Bourisson (*Carentonien*) ; Bois de St-Médard, de Cherves (*Purbeckien*) ; Forêt de Tusson, (*Oxfordien*).

DELPHINIUM AJACIS *L. sp.* 718. *Gay in Desmoul. cat. Dord. p.* 11. *R.R.* — Moissons de la forêt de Basseau (*Gardonien*); St-Michel (*Carentonien*).

Cette espèce, très-commune dans les moissons de la Charente-Inférieure, et notamment de l'ile d'Oleron (*particulièrement la portion de l'ile occupée par l'étage carentonien*), où nous l'avons récoltée en immenses quantités, est fort rare dans la Charente. Nous nous sommes assurés qu'elle y est bien réellement spontanée.

L'espèce voisine, originaire de l'Inde, et que **M.** Gay, qui a si bien caractérisé les deux espèces, nomme *D. orientale*, malgré qu'elle soit très-fréquemment cultivée dans les jardins, ne s'est jamais rencontrée chez nous égarée dans les moissons.

— **PEREGRINUM** *L. sp.* 749. *D. Cardiopetalum, D C. syst.* 1. *p.* 337 *et fl. fr.* 4. *p.* 914. *C.C.C.*— Moissons de Syllac (*Carentonien*) ; Les Planes (*sables tertiaires supérieurs au gardonien*) ; Ranville, Verdille (*Oxfordien*) ; métairie de Beauregard près Angoulême (*Angoumien*).

Le nom Linnéen, conservé à cette espèce par les auteurs de la Flore Française (*T.* 1. *p.* 47), nous semble devoir être préféré à celui de *D. Cardiopetalum*, *D C.* sous lequel pourraient être inscrits les échantillons Charentais. **M.** Puel a publié sous les nos 1, 116 et 201, plusieurs échantillons de cette espèce, de différentes localités françaises, dans ses exsiccata (Flores locales).

La pubescence plus ou moins forte de la plante, la densité de la grappe, la longueur de l'onglet qui caractérisent le *D. Cardiopetalum D C.* ainsi que plusieurs autres espèces du même auteur, fondées sur une variation plus ou moins grande, des caractères précédents, doivent être considérées avec MM. Grenier et Godron (*loc. cit.*) plutôt comme des *Lusus* que comme de véritables variétés.

Ces variations se rencontrent par des passages progressifs et plus ou moins intenses sur un même échantillon.

ACONITUM LYCOCTONUM *L. sp.* 750. *A. Vulparia. Rchb. ic. Ran. t.* 80. *fi.* 4681. *R.R.* — Bords du ruisseau La Marchadène, près Brillac (*Schistes cristallins*).

Cette belle plante, très-rare dans la Charente, est un des représentants de la végétation des montagnes, dans notre département. Sa présence en Auvergne (*fl. de Fr. Gren. et God. p.* 50. *t.* 1.) fait supposer qu'elle suit les montagnes du Limousin en posant des jalons à partir de son point de départ, et qu'elle arrive près de Brillac à sa limite extrême sur les roches granitiques du canton de Confolens, derniers contreforts des montagnes Limousines.

II. BERBERIDEÆ (Vent.)

BERBERIS VULGARIS *L. sp.* 471. *(Giboin in quenol. st. ch. p.* 41. *R.R.* — Haies et bords des eaux ; la Tourgarnier près Angoulême (*Carentonien*). Longré (*Portlandien.*)

Cette espèce est-elle bien réellement spontanée dans le dé-

partement? Les localités éloignées de toute habitation où nous
l'avons rencontrée nous portent à le croire.

III. NYMPHÆACEÆ (Salisb.)

NYMPHÆA ALBA *L. sp.*729. *D C. fl. fr. 4. p.* 630. *C.C.*—
Dans la Charente et les fossés profonds qui la bordent.
Prairie de Vesnat, Chalonnes, Roffit (*Carentonien*) ; Pont
de la Terne, le Peré et l'Houme (*Oxfordien*).

Les échantillons Charentais appartiennent à la forme type
(fleurs de 10-12 cent.) La variété *6. minor* n'a pas été rencontrée à notre connaissance dans le département.

NUPHAR LUTEUM *Smith. prod. fl. gr. 1. p.*361. *Nymphæa
lutea L. sp. 729. Desmoul. in cat. Dord. supp.
1849.p. 9. C.C.* — Mêmes localités que l'espèce précédente avec laquelle il se trouve presque toujours en société.

Nous avons toujours rencontré le *Nuphar luteum* avec ses
deux formes de feuilles (submergées et nageantes), si bien décrites par M. Ch. Desmoulins (*loc.cit.*) même dans le ruisseau des Eaux-Claires, près Hurtebise, ruisseau dont le courant est excessivement rapide en cet endroit.

IV. PAPAVERACEÆ (Juss.)

PAPAVER RHOEAS *L. sp. 726. Giboin in quenot st. ch. p. 40.*

C.C. — Dans toutes les moissons, champs des Lamberts (*Angoumien*) ; Châteauneuf *Carentonien*) ; Chalais (*Dordonien*) ; environs de Ruffec (*Oxfordien*) ; La Valette (*Coniacien*).

Var. MACROCARPUM (*Nobis.*) — Sables d'alluvion près la Poudrerie, en face de Fléac. *A.R.*

Plante robuste, hérissée de longs poils blancs, étalés, roides, rarement couchées ; pétales larges, d'un pourpre foncé, à onglet d'un noir bleuâtre ; capsule 7-8 fois plus grosse que dans le type, ne présentant pas de pores au sommet, ou très-rarement ; graines roses.

— DUBIUM *L. sp.* 726. *C.C.C.* — Dans toutes les moissons, mélangé avec le *P. Rhœas,* mais bien plus commun que lui.

— ARGEMONE *L. sp.* 726. *A. C.* — Syllac (*Angoumien*) ; le Planes, Vesnat (*Portlandien*).

— HYBRIDUM *L. sp.* 725. *R.* — Moulin de Loreau, commune de Lupsault (*Kimmeridgien*). Cette espèce rare pour le département de la Charente , est commune dans la Charente-Inférieure et la Dordogne.

CHELIDONIUM MAJUS *L. sp.* 723. *C.C.C.* — Vieux murs, décombres, jardins ; partout.

V. FUMARIACEÆ (D C.)

CORYDALIS SOLIDA *Smith. engl. fl.* 3. *p.* 353 *R.R.R.* — Dans un bois à pic au-dessus de la Charente, près de Condac, canton de Ruffec (*Grande Oolithe*).

— CLAVICULATA *DC. fl. fr. 4. p.* 638. *Fumaria claviculata L.* sp. 985. *R.R.* — Rochers buissonneux et humides le long de l'Issoire, près Saint-Germain, derrière le château (*Granit*). Cette espèce est caractéristique des terrains primitifs, dans notre département.

FUMARIA OFFICINALIS *L. sp.* 984. *Giboin in quenot st. ch. p.* 41. *C. C.* — Jardins, champs cultivés, tous les terrains ; mais de préférence dans le calcaire.

Var. 6. SCANDENS (*F. media. Loisel. not.* 101.) *Coss. et Germ. fl. par. p.* 77. *ill. t. III. f.* 7. 8. *P. C.* — Décombres ; Luxé, Aigre, village de La Terne (*Oxfordien*).

— VAILLANTII *Lois. not. p.* 102. *A. C.* — Moissons, champs, jardins ; Ranville (*Kimmeridgien*) ; Syllac (*Angoumien*); Châteauneuf (*Carentonien*).

— PARVIFLORA *Lam. enc.* 2. *p.* 567. *C.* — Moissons du Petit-Rochefort (*Angoumien*) ; Basseau (*Gardonien*) ; Aigre (*Kimmeridgien*) ; plus commun que le précédent.

VI. CRUCIFERÆ (Juss.)

Subord. 1. — SILIQUOSÆ. (*Koch*).

RAPHANUS SATIVUS *L. sp.* 935. *Giboin in quenot. st. ch. p.* 41. Moissons de la forêt de Basseau (*Gardonien*). — Cette es-

pèce, fréquemment cultivée dans le département, se trouve
naturalisée dans la localité précitée.

— RAPHANISTRUM *L. sp.* 935. *Giboin in quenot st. ch. p.* 41.
C. C. C. — Moissons, prairies; partout.

La monstruosité à *calice renflé et vésiculeux*, avec mélange
de fleurs et de fruits à l'état normal, indiquée par M. Desmoulins (*cat. Dord. supp.* 1. *act. soc. Linn. t. XIV. p.* 133 *et
add. au* 1ᵉʳ *supp. p.* 57), se rencontre peu communément dans
la Charente; la Tourgarnier, Vesnat, Saint-Michel.

SINAPIS ARVENSIS *L. sp.* 933. *Giboin in quenot. st. ch. p.* 41.
— C.C. Moissons, champs cultivés; partout.

Var. 6. RETROHISPIDA (*Sinapis orientalis Murr. prod.*
167.) *A.C.* — Mélangé avec le type.

Les graines sont beaucoup plus petites que dans le type et
finement chagrinées

— SCHKUHRIANA *Rchb. ic. fl. germ. t. II. p.* 20. *f.* 4425. *b.!
Bor. fl. cent. éd.* 3. *p.* 49. — *Sinapis orientalis Schk* (*non
L.*) *Loret. soc bot. fr. t. VI. p.* 89. *A.R.* — Lieux
cultivés et humides, décombres; moulin de Bourisson, près
Mouthiers (*Angoumien*).

Cette espèce se distingue du *S. Arvensis* (*L.*), non pas
comme le fait observer M. Desmoulins (*cat. Dord. supp. act.
soc. Linn. t. XIV. p.* 130.) par ses poils plus ou moins caducs,
appliqués ou non, caractère commun aux deux espèces, ni par
la différence de proportion du bec de la silique; mais par ses
fleurs d'un jaune plus pâle, ses siliques grêles, allongées, un
peu flexueuses, toruleuses jusqu'à la maturité, à cinq nervures, les deux latérales plus faibles et interrompues; tandis

que le *S. arvensis* présente une silique épaisse, et à trois nervures; enfin par le pédicelle de la silique grêle, non épais et court, par ses graines bien plus grosses.

— CHEIRANTHUS *Koch deutsch. fl. 4. p. 717. Brassica cheiranthus Vill. Dauph. 3. p. 332. A.R.* — Bois de Vesnat, près la route de Rouillac (*Portlandien*); Châteauneuf (*Angoumien*).

— ALBA *L. sp. 733. A.R.* — Rochers du Chemin-Vert, au-dessous des remparts d'Angoulême; moulin de Bourisson, où il est commun dans les terres humides et tourbeuses. — Nous ne l'avons jamais rencontré dans les moissons.

Les graines sont toujours d'un jaune pâle.

BRASSICA NAPUS *L. sp. 931. Giboin in quenot. st. ch. p. 41.* — Cultivé en grand dans le canton d'Aigre, se rencontre fréquemment subspontané dans les champs.

— NIGRA *Koch deutsch. fl. 4. p. 713. Sinapis nigra L. sp. 933. Sinapis nigra Giboin in quenot st. ch. p. 41. A.C.* — Bords de la Charente, depuis Angoulême jusqu'à Châteauneuf; Basseau, Cognac, etc.

DIPLOTAXIS TENUIFOLIA *D C. syst. 2. p. 632. Sisymbrium tenuifolium Giboin in quenot st. ch. p. 41. R.R.* — Bourg de Saint-Trojan, arrondissement de Cognac (*Carentonien*).

— MURALIS *D C. syst. 2. p. 634. C.C.* — Vignes, bords des chemins; à peu près partout.

— VIMINEA *D C. syst. 2. p. 635.* — Rues d'Angoulême, jardins de l'Anguienne, un peu plus rare que le *D. muralis.*

Nous avons rencontré au mois de février une forme de cette plante dans un champ inculte de la forêt de Basseau ; les fleurs sont de moitié plus courtes que le calice, les tiges raides, buissonneuses, de 40-60 millimètres, à feuilles pennatipartites, dentées, à divisions linéaires.

— ERUCOIDES *D C. syst.* 2. *p.* 631. *R.R.R.* — Bords des champs, près le bourg de Réparsac ; vignes du pays bas, Jarnac (*Purbeckien*).

Cette espèce essentiellement méridionale et à laquelle MM. Grenier et Godron (*fl. fr. t. I. p.* 81.) assignent pour stations : Fréjus, Toulon, Marseille, Salon, Montpellier et la Corse , ne croît dans la Charente que dans les localités où se montre l'étage de Purbeck. Nous l'avons vainement cherchée ailleurs.

MM. Lloyd, Flore de l'Ouest, et L. Faye, dans son catalogue des plantes de la Charente-Inférieure, ne font aucune mention de sa présence dans les départements qui nous avoisinent.

CHEIRANTHUS CHEIRI *L. sp.* 924. *Giboin in quenot st. ch. p.* 44. *C.C.C.* — Remparts d'Angoulême, vieux édifices , clocher de l'hôpital ; château de La Vallette, de La Rochefoucauld ; église de Cherves, de Bréville.

Le nom de *C. Cheiri* doit-il être conservé à l'espèce si commune sur nos vieux édifices ?

Plusieurs auteurs ne partagent pas cette opinion.

D'après **M. Koch** (*synops. éd.* 1re. *p.* 34. (1837), le *C. fruticulosus L. mant. p.* 94. *n°* 16, représente les individus spontanés sur les murailles, et le nom de *C. cheiri* doit être donné aux pieds cultivés dans les jardins, dont les fleurs sont larges et lavées de brun.

M. de Brebisson (*fl. de Norm. add. p.* 340.) manifeste la même opinion.

MM. Cosson et Germain (*fl. par. p.* 82.) considèrent notre espèce comme étant la *var.* α. *fruticulosus* et leur *var.* ε. *hortensis*, est le véritable *C. Cheiri* Linnéen.

D'autres botanistes pensent également que les deux espèces Linnéennes devraient être maintenues.

Sans vouloir nous prononcer d'une manière formelle (1), loin de considérer notre espèce des murailles comme étant le *C. fruticulosus L.*, d'après l'opinion des savants auteurs précités, et d'appliquer le nom de *C. Cheiri* à l'espèce des jardins, dont les fleurs sont larges et mêlées de brun, nous sommes portés à considérer cette espèce comme une simple variété (*hortensis*) de la plante des murailles.

En effet, ayant semé à plusieurs reprises des graines de *Cheiranthus* recueillies sur les remparts d'Angoulême, tous les pieds obtenus de ce semis ont donné dès la première année des fleurs *larges* et *mélangées de brun pourpre*, identiques à celles des échantillons provenant des jardins.

D'un autre côté, les graines des pieds cultivés, généralement partout, récoltées dans un des jardins d'Angoulême et semées dans les mêmes conditions que celles précitées, ont fourni des pieds qui, dès la première année aussi, sont revenus au type à fleurs *petites* et non *lavées de brun*. Ceci, du reste, est telle-

---

(1) Nous nous réservons de formuler notre opinion sur ce sujet, d'une manière positive, après avoir expérimenté et terminé les recherches que nous faisons en ce moment sur cette question controversée.

ment reconnu par les personnes qui s'occupent, comme délas-
sement, à cultiver des fleurs dans les jardins de la ville, et même
par les paysans de nos environs, que pour propager avec les
fleurs grandes et brunes, ce qu'ils appellent leurs *giroflées* ou
leurs *queris*, il n'en sèment jamais les graines, mais les culti-
vent de boutures.

ERYSIMUM CHEIRANTHOIDES *L. sp.* 923. *Giboin in quenot st.
ch. p.* 41. *R.* — Nous n'avons observé cette espèce que
dans les champs humides où l'on cultive le chanvre, près
Châteauneuf, sur les bords de la Charente.

— PERFOLIATUM *Crantz. aust.* 27. *E. orientale R. Brown. kew.
éd.* 2. *v.* 4. *p.* 117. *A. R.* — Métairie de Beauregard (*Angoumien*); champs entre Aigre et la forêt de Tusson (*Portlandien*); Fouqueure (*Kimmeridgien*); Epagnac, sur la
route de Périgueux (*Coniacien*).

BARBAREA VULGARIS *R. Brown. kew. éd.* 2. *v.* 4. *p.* 109.
P. C. — Bords de la Charente, en face des moulins de la
Poudrerie.

— STRICTA *Andrz. ap. Besser. B. vulgaris. Rchb. in Sturm.
A. C.* — Lieux cultivés et humides; le Cimarre; Anguienne, près Angoulême.

— ARCUATA *Rchb. bot. Zeit.* 1820 (*non apud Sturm*) *R.* —
Bords du ruisseau La Marchadène, près Brillac, canton de
Confolens (*Granit*), seule localité où nous le connaissons
dans le département.

— INTERMEDIA *Boreau fl. du centre.* 2. *p.* 48 *A. C.* —
Lieux humides, bords des chemins, ateliers du chemin de
fer, près Foulpougne-Pontouvre (*Angoumien*).

Sisymbrium officinale *Scop. carn.* 2. *p.* 26. *C. C. C.* —
Chemins, décombres; partout.

—**asperum** *L. sp.* 920. *A.R.* — Lieux inondés l'hiver. —
Bois de la Poudrerie, forêt de Jarnac (*Purbeck*); pont de
La Terne, près Luxé (*Kimmeridgien*); marécages du bord
de la Charente, près Saint-Cybard, au-dessous d'Angoulème; chemin de Crotet à Auge.

Les échantillons provenant de cette dernière localité présentent des tiges dressées et non couchées à la base, solitaires, de
4·5 décimètres. (Très-robuste).

— **irio** *L. amœn.* 4. *p.* 270. *A·R.* — Remparts et rues
d'Angoulême.

— **austriacum** *Jacq. Aust.* *t.* 262. *R.* — Cette espèce ne croît
que depuis peu de temps dans les décombres provenant
de la démolition d'une partie des remparts d'Angoulême,
du vieux château et de l'ancienne église Saint-Jean, près
la porte Saint-Pierre.

Cette plante doit son apparition, dans notre département, à la
rage des démolisseurs de tout ce qui rappelle les souvenirs d'un
autre âge.

— **sophia** *L. sp.* 920. *S. tenuifolium. Giboin in quenot
st. ch. p.* 41. *R.R.* — Murailles en ruines de l'église
de Segonzac.

Alliaria officinalis *Andrz. in D C. syst.* 2. *p.* 489; *Rchb.
ic.* 4379. *C.C.C.* — Chemins, haies, décombres.

Cette espèce rattachée au genre *Sisymbrium* (*Scop. carn.* 2.
p. 26.), et mentionnée sous le nom de *Sisymbrium alliaria*

(*fl. de Fr. p.* 95. *Gren. et God.*), ne nous paraît pas devoir être maintenue sous cette dénomination. Nous nous rangeons de l'avis de MM. Desmoulins et Durieu (*cat. Dord. ex. act. soc. Lin. Bord. t. XI. p.* 186.) qui considèrent la silique comme renfermant des caractères véritablement tranchés.

D'après ces savants botanistes, la silique du *Sisymbrium alliaria* est manifestement *tétragone* et non pas *térète* comme le dit **M.** Koch.

Cette observation se rapporte parfaitement aux échantillons que nous avons recueillis. Aussi avons-nous adopté le genre *Alliaria.*

Nasturtium officinale *R. Brown. kew. éd.* 2. *v.* 4. *p.* 110. *Sisymbrium nasturtium L. sp.* 916. *et Giboin in quenot st. ch. p.* 44. *C.C.C.* — Fontaines et ruisseaux tranquilles.

Contrairement à l'opinion de **M.** Chatin (*Bull. soc. bot de France t. V. p.* 167. que « les racines adventives du cresson sortent toutes de l'aisselle des feuilles et nullement de leur base dorsale. » Nous avons rencontré et notre herbier renferme des échantillons abondamment pourvus de racines à l'aisselle *et à la base dorsale* des feuilles.

Ces échantillons proviennent d'une fontaine située près la montée de Sainte-Barbe, en face des moulins de la Poudrerie.

Var. α. **genuinum** *Rchb. ic.* 4359. — Moins commun que le type ; eaux stagnantes, marécages d'Hurtebise.

Var. ε. **siifolium** *Steud. nom.* 2. *p.* 185. *P.C.* — Bords de la Charente, à Saint-Cybard, sous Angoulême.

Nous ferons remarquer que cette variété est vendue sur les marchés d'Angoulême, mélangée avec le type et qu'elle a une saveur identiquement semblable (1).

M. de Schenefeld (*Bull. soc. bot. de France. t. V. p.* 167.) dit que le cresson sauvage ne conserve ses caractères que dans une eau profonde, sinon, qu'il passe à la *var. Siifolium*, qui ne présente aucune saveur.

Nous venons de dire que la saveur est identique à celle du type ; nous ajouterons que, chez nous, la variété en question ne se rencontre jamais que dans les endroits profonds des rivières, tandis qu'au contraire, le type ne croît que dans les ruisseaux et les fontaines où il y a peu d'eau.

— SYLVESTRE *R. Brown kew. éd.* 2. *v.* 4. *p.* 110. *Sisymbrium sylvestre L. sp.* 916 *et Giboin in quenot st. ch. p.* 41. *A.R.* — Lieux humides ; graviers des bords de la Charente ; Luxé.

ARABIS SAGITTATA *D C. fl. fr.* 5. *p.* 592. *Turritis hirsuta Giboin in quenot st. ch. p.* 41. *A.R.* — Buissons ; Lunesse, Saint-Marc (*Angoumien*); forêt de Tusson (*Kimmeridgien*).

Cette plante est très-variable dans son port, de très-petite taille dans les lieux secs et sur les vieux murs, elle parvient souvent jusqu'à un mètre de hauteur dans les lieux humides et ombragés ; elle présente alors une longue hampe chargée de nombreuses siliques appliquées contre la tige.

---

(1) Le cresson que l'on vend sur nos marchés, ne provient en aucune façon des cultures, il est si commun dans nos ruisseaux, que les maraîchers ne s'occupent nullement de le cultiver.

Elle varie, également, par le plus ou moins de pubescence de toutes ses parties.

— THALIANA *L. sp.* 929. *Turritis glabra Giboin in quenot st. ch. p.* 41. *C.C.C.* — Lieux arides et sablonneux ; moissons du département, de préférence dans les lieux où domine la silice.

CARDAMINE PRATENSIS *L. sp.* 915. *Le C. trifolia Giboin in quenot st. ch. p.* 41. *n'est autre que le C. pratensis C.C.C.* — Prés, bois humides, bords des eaux.

Var. BULBIFERA *R.R.R.* — Prairies et bords des fossés ; fossés inondés du bois de Basseau, près le mur d'enceinte de la Poudrerie ; forêt de Basseau, près Saint-Michel.

Le *Cardamine bulbifère* présente deux états parfaitement distincts : le premier se rencontre dans les échantillons de la forêt de Basseau, près Saint-Michel ; le second, dans ceux des prairies inondées, près la Poudrerie.

Les échantillons de la première localité, tous en fleurs et parfaitement fructifiés, portent plusieurs bulbilles ; les uns, assez volumineux, sont situés (1.2.3.) à l'angle que forment les lobes de la feuille, à leur insertion sur le rachis, ils sont de forme ovoïde, d'une couleur généralement rougeâtre ; les autres, solitaires, sont placés à l'extrémité des nervures des lobes foliaires ; ils ont la même forme que ceux des angles du rachis, mais de beaucoup plus petits.

Très-souvent ces bulbilles émettent des fibrilles radicales à leur base, ce qui donne un aspect chevelu aux feuilles du sujet qui les porte.

Ceux de la seconde localité ont également très-bien fructifié, mais les feuilles radicales ayant été submergées et légèrement recouvertes d'une mince couche d'humus, par suite du retrait des eaux, les bulbilles n'ont pas offert les mêmes phénomènes.

L'orsque la plante croît sans qu'aucune cause étrangère puisse influer sur elle, comme dans la forêt de Basseau, les bourgeons ou plutôt les bulbilles développés sur les feuilles qui sont encore très-vigoureuses et qui ne se flétriront que plus tard, produisent comme nous l'avons dit, de petites radicelles aériennes qui, lorsque le bulbille se détachera et reposera sur le sol, continueront leur évolution, afin de constituer une plante nouvelle.

Quand, au contraire, le *Cardamine* est soumis à une cause étrangère à ses habitudes normales, comme dans le cas précité, où les inondations ont déposé sur ses feuilles une mince couche de terreau, les bulbilles se trouvant dans des conditions bien plus favorables, produisent non-seulement des fibres radicales, mais il sort à leur partie supérieure de petites feuilles qui bientôt forment une rosette supportée par la feuille mère.

Nous possédons des échantillons de *C. pratensis* surmontés de leur tige florale, et dont chaque feuille de la rosette radicale (*mère*), supporte, de distance en distance et presque à chaque lobe, une petite rosette en tous points semblable à la rosette mère.

Le fait, produit dans les circonstances que nous venons d'énumérer, se rapproche par ses résultats de l'observation faite par le savant directeur du jardin botanique de Bordeaux, observation relatée dans le bulletin de la soc. bot. t. VI. p. 705. sur la production des bulbilles dans le *Cardamine latifolia* (*L.*).

Nous n'avons jamais observé que les souches du *C. pratensis* émettent des stolons (*fl. fr. t. I. p. 108. Gren. et God.*).

Seulement nous avons remarqué que le collet est couvert de bulbilles nombreuses d'où partent une multitude de fibrilles.

— IMPATIENS *L. sp.* 914. *C. parviflora, Giboin in quenot. st. ch. p.* 41. *R.R.* — Bords de la Charente, près la Poudrerie; Ruelle (*Portlandien*); Anguienne, près Angoulême (*Carentonien*); près les Hauts-Fourneaux de Taizé-Aizie (*Grande Oolithe*).

— HIRSUTA *L. sp.* 915. *C.C.C.* — Haies, chemins, jardins, décombres ; partout.

Les valves de la silique, à l'époque de la maturité, s'enroulent en dehors et lancent au loin les graines au moindre attouchement, phénomène que l'on rencontre chez cette espèce à un degré bien supérieur au *C. impatiens*, ce qui cependant a valu à ce dernier le nom spécifique qu'il porte.

— SYLVATICA *Linck in Hoffm. phyt. Blatt.* 1. *p.* 50. *R.R.* — Bords du ruisseau la Marchadène, près Brillac, canton de Confolens (*Granit*).

DENTARIA BULBIFERA *L. sp.* 912. *R. R.* — Forêt de Ruffec, près la maison du garde (*Oxfordien*).

Les feuilles caulinaires qui portent à leur aisselle un bulbille, présentent de chaque côté de leur base, au point d'insertion, une rangée de poils blancs, longs, rigides, appliqués sur le bulbille.

Subord. 2. — SILICULOSÆ. (*Koch*).

LUNARIA BIENNIS *Mœnch. meth.* 126. *R.* — Taillis du Chemin-Vert, prairies de St-Ausone.

Cette plante est-elle bien réellement spontanée dans notre département ? Nous ne pouvons l'affirmer,. quoiqu'elle ne soit cultivée dans aucun des jardins d'Angoulême.

ALYSSUM CALYCINUM *L. sp.* 908. *L'Alyssum incanum*, *Giboin in quenot. st. ch. p.* 41, n'est probablement que l'*Alyssum calycinum, à moins qu'il ne désigne l'Incanum qu'il aurait recuilli dans un jardin. C.C.C.* — Chemins ; décombres ; lieux sablonneux ; vignes.

DRABA MURALIS *L. sp.* 897. *Giboin in quenot. st. ch. p.* 41. *A. R.* — Murs d'Anville ; Auge (*Kimmeridgien*); Cherves (*Purbeckien*); rochers de St-Cybard sous Angoulême (*Carentonien*).

EROPHILA BRACHYCARPA *Jord. pugillus. p.* 9. *Draba verna. L. sp.* 896, *et Giboin in quenot. st. ch. p.* 41. *A. R.* — Sables de St-Michel ; les Lamberts (*Carentonien*).

— STENOCARPA *Jord. pugillus. p.* 11. *Draba verna L. sp.* 896, *et Giboin in quenot st. ch. p.* 41. *C. C.* — Vignes de St-Michel, murs d'Aigre, Verdille , Ste-Barbe (*Portlandien*).

— MAJUSCULA *Jord. pugillus. p.* 11. *Draba verna L. sp.* 896 *et Giboin in quenot. st. ch. p.* 41. *A. C.* — Chemin de St-Marc, coteaux de Crages, Clergon, Petit-Rochefort (*Angoumien*).

Cette espèce s'élève jusqu'à 2-3 décimètres.

Les trois espèces du genre *Erophila* qui précèdent, formées du *Draba verna L.*, présentent des caractères parfaitement définis par M. Jordan (*loc. cit.*). Nous les avons étudiées avec attention, et leur constance nous a engagé à adopter l'opinion du savant botaniste Lyonais.

Roripa pyrenaica *Spach veg. phan. 6. Sisymbrium py-renaicum L. sp.* 916. *A.C.* — Forêt de Basseau ; prairies des Lamberts (*Carentonien*); environs de Montbron (*Oolithe ferrugineuse*). (Guillon).

— **amphibia** *Bess. en. pl. Volh. sisymbrium amphibium. L. sp.* 917. *C.C.* — Bords de la Charente, Chalonnes , Roffit (*Purbeckien*) ; ruisseau de la Soloire, près Ste-Sevère ; Bréville (*Purbeckien*).

Myagrum perfoliatum *L. sp.* 893. *Myagrum sativum. Giboin in quenot. st. ch. p.* 41. *A.R.* — moissons des Marmouniers, commune de Bréville (*Purbeckien*) ; Lupsault, (*Portlandien*) ; moissons de Beauregard (*Angoumien*).

Neslia paniculata *Desv. Journ. Bot.* 3. *p.* 162. *A. C.* — Moissons du Petit-Rochefort (*Angoumien*) ; la Citerne, commune d'Oradour-Chillé.

Cette plante varie à feuilles ovales, lancéolées, crénelées ; ou lancéolées très-aigues.

Calepina corvini *Desv. Journ. Bot.* 3. *p.* 158. *R.* — Nous ne l'avons rencontré que dans les champs au nord-est de St-Cybardeaux et de Ranville (*Oxfordien*).

Dans les descriptions de cette plante, que nous avons sous les yeux, il n'est pas fait mention du renflement tubériforme situé à la base de la tige et qui constitue le collet de la racine.

Ce renflement est produit pas les débris des feuilles radicales, détruites à l'époque de la floraison ; il présente un aspect écailleux mamelloné ; creux à l'intérieur et s'atténuant par un brusque étranglement en une racine courte, pivotante. Ce renflement est situé hors de terre et donne à la plante l'aspect d'un petit pied de *Brassica rapa. L.*

Biscutella lævigata *L. Mant.* 255. *C.C.* — Chaumes et
moissons arides ; tous les coteaux calcaires du département.

Cette plante, excessivement commune, offre un grand nombre de variations.

Iberis umbellata *L.* —*R.R.*—Champs en friches près la forêt
de Ruffec (A. Clavaud).

Cette jolie plante, exclue de la Flore de France, croît en grande
quantité dans la localité précitée où l'a recueillie notre ami **M.
A. Clavaud.** Il est probable qu'elle s'y est naturalisée depuis
longtemps. Nous ne la citons ici que comme espèce subspontanée.

— amara *L. sp.* 906. *C.C.C.* — Toutes les moissons du calcaire.

Teesdalia nudicaulis *R. Brown. éd.* 2. *v.* 4. *p.* 83. *R.R.*
— Châtaigneraies des environs de St-Germain, canton de
Confolens (*Granit.*)

Thlaspi arvense *L. sp.* 901. *et Giboin in quenot. st. ch. p.*
41. *R.* — Vignes, lieux cultivés ; Crotet, commune d'Auge ; Estrade (*Portlandien*); Rouillac (Lecler).

— perfoliatum *L. sp.* 902. *C.C.C.* — Champs et vignes de
tout le calcaire.

Dans quelques localités du département on mange les jeunes
tiges de cette plante sous le nom de *cresson de vigne.*

— bursa-pastoris *L. sp.* 903. *C.C.C.* — Lieux cultivés ; décombres.

Hutchinsia petræa *R. Brown. kew. éd.* 2. *v.* 4. *p.* 82. *A.R.*

— Commune de Verdille, en face du bois Sureau (*Port-landien*); St-Médard; vignes de Ste-Barbe (*Angoumien*); Grand-Girac (*id.*).

LEPIDIUM SATIVUM *L. sp.* 899. **R.R.** — Talus du chemin de fer entre Syllac et la Couronne (*Carentonien*).

Cette espèce, à notre connaissance, n'est point cultivée dans le département de la Charente, la localité où elle croît est éloignée de toute habitation. Néanmoins nous n'osons nous prononcer d'une manière positive sur sa spontanéité.

— **CAMPESTRE** *R. Brown. kew. éd.* 2. *v.* 4. *p.* 465. **C.C.** — Décombres; vignes; l'Oisellerie, la Couronne (*Carentonien*); Longré, Bréville (*Oxfordien*).

— **GRAMINIFOLIUM** *L. sp.* 900. **A.C.** — Murs du château de Garde-Epée, commune de St-Brice; ruines de l'abbaye de la Couronne.

— **LATIFOLIUM** *L. sp.* 899. **R.R.** — Lieux frais et humides; bords de la Charente, vis-à-vis Merpin (***Portlandien***).

SENEBIERA CORONOPUS *Poir. dict.* 7. *p.* 76. *Coronopus vulgaris, Giboin in quenot. st. ch. p.* 41. — Lieux arides; chemins battus; port Cherrier, faubourg L'Houmeau; rues d'Angoulême. *P. C.*

RAPISTRUM RUGOSUM *All. ped.* 1. *p.* 257. *t.* 78. **R.R.R.** — Décombres près le chemin des Bezines, à Patapon.

C'est la forme à fruits hispides commune dans la Charente-Inférieure et les moissons de l'île d'Oleron, près la côte sauvage.

VIII. CISTINEÆ (Dunal.)

Cistus umbellatus *L. sp.* 739. *Helianthemum umbellatum*, *Giboin in quenot. st. ch. p.* 42. — Coteaux de Saint-Germain, près Confolens (*Schistes cristallins*). Cette espèce, que nous n'avons rencontrée que dans cette seule localité, y est extrêmement abondante.

— salviæfolius *L. sp.* 738. *R.R.R.* — Bois voisin de la croix de Condéon (*Dordonien*).

Cette plante essentiellement méridionale et que l'on rencontre dans une station à peu près analogue à celle où nous l'avons cueillie, dans l'île d'Oleron (bois excessivement humide), semble dans les deux départements faire exception à la règle qu'elle suit d'ordinaire, en croissant dans les lieux arides, et de préférence sur les dunes des bords de la mer.

L'habitat paraît influér sur le port et les différents caractères du *Cistus salviæfolius*. Les échantillons Charentais surtout, offrent de notables différences avec ceux provenant de l'île d'Oleron et des sables du bassin d'Arcachon.

Nous allons examiner rapidement les différences qui existent dans les individus recueillis dans ces différentes localités :

1° Echantillons d'Arcachon, — de 7-8 décimètres, rameux, diffus, *glabres inférieurement, tomenteux au sommet;* feuilles ovales, elliptiques, *acuminées, couvertes d'un tomentum jaune,* ridées, *d'un vert jaunâtre;* sépales *ovales, lancéolés très-aigus, presque glabres;* fleurs de 3-4 centimètres;

4

2° Echantillons de l'île d'Oleron — de 5-6 décimètres, rameux, diffus, *glabres inférieurement, glabrescents au sommet:* feuilles ovales elliptiques, *élargies à la base, obtuses, faiblement tomenteuses en dessus, à tomentum blanc, fortement ridées en dessous, d'un vert olivâtre;* sépales *largement ovales cordiformes, légèrement tomenteux;* fleurs de 4-5 centimètres;

3° Echantillons de Condéon (Charente), — de 3-4 décimètres, rameux, diffus, *rougeâtres, fortement tomenteux, glanduleux au sommet;* feuilles *petites, ovales elliptiques, arrondies au sommet, brièvement pédonculées, tomenteuses et comme cotonneuses sur les deux faces;* sépales *ovales elliptiques, 1/2 de celles des échantillons d'Arcachon, faiblement en cœur à la base, cotonneux ainsi que le sommet des pédoncules.*

HELIANTHEMUM SALICIFOLIUM *Pers. syn.* 2. *p.* 78. *R.R.* — Sur les rochers qui bordent la route de Jarnac à Cognac (*Coniacien et Purbeckien*).

— **VULGARE** *Gœrtn. fruct.* 1. *t.* 76. *C.C.C.* — Bois, landes, Bruyères ; partout.

— **POLIFOLIUM** *D C. fl. fr.* 4. *p.* 823. — Chaumes calcaires de Chante-Grelet ; l'Arche ; Cognac ; Barbezieux.

Trois espèces ont été réunies dans celle-ci par les auteurs de la Flore de France (*t.* 1. *p.* 170). Nous pensons avec MM. Grenier et Godron, que les caractères basés sur le plus ou moins de pubescence des feuilles et d'enroulement de leurs bords, ne sont pas suffisants pour constituer des espèces ; nous les mentionnons donc comme de simples formes.

α. **APENNINUM** *II. apenninum D C. loc. cit. P. C.* — Feuilles ovales oblongues, faiblement roulées sur les bors, vertes en dessus.— Chaumes des Bretonnières (*Carentonien*).

ε. **pulverulentum** *H. pulverulentum* D C. *loc. cit.* C. —
Plante plus robuste, buissonneuse, feuilles linéaires oblongues, plus fortement rouléés sur leurs bords, vélues grisâtres
en dessus. — Chaumes de Chante-Grelet, la Couronne,
l'Arche *(Angoumien)*.

γ. **velutinum** *H. velutinum Jord. obs. pl. fr.* (*sept.*
1846). *p.* 35. *R.* — Feuilles blanches, tomenteuses sur les
deux faces. Rochers calcaires en face de Bagnolet, près
Cognac *(Coniacien)*.

— **oelandicum** *D C. fl. fr. 4. p.* 817. *Wahlenb. fl. suec.*
333. *Coss. et Germ. fl. par. p.* 109. *Helianthemum
italicum Gren. et God. fl. de fr. t. 1. p.* 171. *R.R.R.*
— Cette jolie espèce a été découverte par M. Detoc fils,
sur les coteaux de Chez-Barré près la Couronne (*Carentonien*). Il a bien voulu enrichir notre herbier d'un magni-
fiqueéchantill on de cette cistinée.

Le doute émis dans la Flore de France (*loc.cit.*), relativement à l'*H. italicum*, nous a engagé à conserver, jusqu'à
nouvel ordre, le nom de *Walenberg*, n'ayant pu encore comparer notre échantillon à des échantillons autentiques d'*Italicum*.

— **guttatum** *Mill. dict. n°* 18. *C. C.* — Garde-Epée ; le
Fouilloux, près Larochefoucauld ; Vesnat ; châtaigneraies
des environs de St-Germain, près Confolens.

Fumana procumbens *Gren. et God. fl. de fr. t. 1. p.* 173.
Helianthemum fumana Mill. dict. n° 6. *C. C.* — Sur
tous les coteaux calcaires ; l'Arche ; Ste-Barbe *(Portlandien)* ; route de Rouillac ; Châteauneuf *(Carentonien)*.
(Clavaud).

IX. VIOLARIEÆ (D C.)

Viola palustris *L. sp.* 1324. *R.R.R.* — Bords des fossés formés par la fontaine de St-Melise, au-dessous de Brillac, près Confolens (*Schistes cristallins*).

— **hirta** *L. sp.* 1324. *C. C.* — Bois, pâturages, haies, chemins; partout.

s. v. macrophylla *Rchb. ic. fl. germ. t.* 4492. *R. R.* — Le long d'un mur près le logis des Bretonnières, commune de Roullet.

— **alba** *Besser. prim. gallic.* 1. *p.* 171. *P.C.* — Haies et buissons; Rabion, dans une haie près le chemin de fer; les Halliers (*Angoumien*); St-Yrieix (*Portlandien*).

— **odorata** *L. sp.* 1324. *Giboin in quenot st. ch. p.* 42. *A. C.* — Haies, buissons; chemin des Argentiers; Vesnat; St-Yrieix.

M. Jordan (*Pugil. pl. nov. p.* 14. *et suiv.*) a créé un grand nombre d'espèces dérivées de l'ancien *V. odorata Lin.* Les études approfondies et le coup-d'œil si juste de l'éminent observateur nous sont garants de la légitimité de ces espèces.

Nous avons suivi pas à pas les espèces Charentaises, et nous nous sommes convaincus de l'exactitude des caractères qui les distinguent; nous les énumérons telles qu'elles ont été spécifiées par le savant botaniste.

— **dumetorum** *Jord. pugil. p.* 76. *A. R.* — Haies et buissons de la Cagouillère, près Vesnat (*Portlandien*).

— PROPINQUA *Jord. loc. cit. p.* 18. *R.* — Haies et buissons du Cimarre, près Vesnat (*Portlandien*).

— FLORIBUNDA *Jord. loc cit. p.* 19. *R.* — Même localité que l'espèce précédente avec laquelle elle croît en société.

— SUAVISSIMA *Jord. loc. cit. p.* 21. *R.* — Bois de Vesnat près St-Yrieix.

— RIVINIANA *Rchb. ic.* 12. *f.* 4502. *C.C.* — Forêt de la Braconne ; bois des Bretonnières, près Roullet ; Petite-Garenne, près Angoulême.

MM. Grenier et Godron comprennent sous le nom de *V. sylvatica Fries,* la forme *riviniana* (*Rchb. loc. cit.*).

Il y a réellement deux espèces distinctes :

1° Le *V. sylvestris* (*Dodon. Rchb. loc. cit.*) qui devra, d'après l'avis de M. Boreau (notes sur quelques espèces de plantes françaises, 1860, n° XXV), porter le nom de *V. silvatica Fries* et 2° le *V. riviniana.* (*Rchb. loc. cit.*)

Cette espèce diffère du *V. sylvatica* par ses feuilles largement en cœur, acuminées, plus minces dans le *V. sylvatica ;* par ses fleurs plus grandes, moins colorées ; par son éperon comprimé, blanchâtre, plus court, émarginé, et par ses sépales persistants sur le fruit (*Boreau. loc. cit.*)

— LANCIFOLIA *Thore chl. land.* 357. *C.C.* — Landes humides de Soyaux, le Grand-Lac, Chantillac (*Sables tertiaires*).

— CANINA *L. sp.* 1324. *C.C.C.* — Forêt de Basseau, de la Braconne, des Pères, de la Malestrade ; Petite-Garenne.

— **PUMILA** *Vill. Dauph.* 2. *p.* 266. *Viola pratensis Koch syn.* 93! *R.R.R.* — Prairies humides de Ranville (*Oxfordien*).

Cette plante tout-à-fait nouvelle pour l'ouest de la France, (*Lloyd. fl. de l'Ouest. p.* 57) a été découverte dans la Charente-Inférieure par MM. Sauze et Maillard, qui proposèrent de lui donner le nom de *V. celtica.* La plante Charentaise ne diffère en rien de celle de la Charente-Inférieure, avec laquelle nous l'avons comparée ; elle se rapporte parfaitement au *V. pumila Vill.* Le nom de *V. celtica* ne doit donc pas lui être donné, non plus qu'à celle de la Charente-Inférieure.

L'observation que nous avons faite relativement aux dérivés du *Viola odorata*, s'applique également aux espèces de la section *Melanium;* nous suivons l'exemple de MM. Jordan (*loc. cit.*) et Borreau (*fl. du cent.* 2ᵉ *éd.*).

— **ARVATICA** *Jord. pug. p.* 24. *C. C.* — Moissons des Planes ; Ste-Barbe ; forêt de Basseau (*Sables tertiaires*).

— **AGRESTIS** *Jord. obs.* 2. *p.* 15. *ic.* 2. *f. a. A. C.* — Moissons de la Petite-Garenne (*Angoumien*).

— **SEGETALIS** *Jord. obs.* 2. *p.* 12. *ic.* 2. *f. b. A.R.* — Moissons du Fouilloux, près Larochefoucauld.

— **VARIATA** *Jord. pug. p.* 26. *R.* — Moissons de Basseau, près le petit magasin à poudre (*Gardonien*).

X. RESEDACEÆ (D C.).

RESEDA LUTEA. *L. sp.* 645. *C.C.* — Moissons, vieux murs ; partout.

— LUTEOLA *L. sp.* 643. *C.C.* — Décombres, vieux murs, bords des chemins.

La présence d'une dent en forme d'épine, dont les feuilles sont munies de chaque côté de leur base (*fl. fr. Gren. et God. p.* 190), est un caractère que nous considérons comme étant sans valeur, la présence ou l'absence de ces épines se rencontrant sur le même échantillon.

XI. DROSERACEÆ (D C.).

DROSERA ROTUNDIFOLIA *L. sp.* 402. *A.R.* —·Bruyères siliceuses de Chantillac; prairies de Brillac près Confolens; marais à Sphagnum de Beaulieu, commune de Deviat (LECLER).

— INTERMEDIA *Hayn. in Schrad. Journ.* 1801. *p.* 37. *R.R.* — Bruyères siliceuses de Chantillac.

PARNASSIA PALUSTRIS *L. sp.* 391. *P.C.* — Marais de Breuty; marais entre le Gravier et Bois Beaudreau, commune des Gours; marais de La Faye (LECLER).

M. Desmoulins, dans une notice sur la taille du *Parnassia palustris*, recueilli à diverses altitudes (*Etat de la vég. du Pic du Midi de Bigorre, p.* 56. 1844), dit qu'au niveau de la mer, dans les étangs de Gascogne, le *Parnassia* acquiert une taille énorme. D'après le savant auteur, les beaux individus ont en général 40 cent.

Tous les échantillons que nous possédons de la Charente, ont de 40 à 50 cent. de hauteur en moyenne, et jamais moins de 30 cent.

XII. POLYGALEÆ (Juss.)

POLYGALA VULGARIS *L. sp.* 986. *Giboin in quenot. st. ch. p.* 36. *C.C.* — Champs incultes de Vesnat ; forêt de Tusson (*Oxfordien*) ; landes du Grand-Lac (*Sables tertiaires et argiles réfractaires*).

Nous ne l'avons jamais rencontré qu'à fleurs bleues.

— CALCAREA *Schultz. exsic. cent.* 2. *n°* 15. *C.C.* — Pelouses de tous les bois.

Varie depuis le bleu intense jusqu'au blanc pur.

On rencontre, dans les landes tertiaires de Soyaux, une jolie forme de cette espèce de 50-60 millimètres, touffue, buissonneuse, dressée ; feuilles petites, charnues, rougeâtres ; fleurs rosées.

— DEPRESSA *Wend. schrift. not. Marburg.* 1. *t.* 1. *R.R.* — Marais tourbeux à fond siliceux de Garde-Epée ; bruyères humides de Brillac, près Confolens.

XIV SILENEÆ (D C.)

CUCUBALUS BACCIFERUS *L. sp.* 591. *R.* — Bords d'une mare à côté de l'église de Chantillac (*Sables tertiaires*).

SILENE INFLATA *Sm. Brit.* 467. *C.C.* — Chemins, haies, moissons ; tout le département.

— GALLICA *L. sp.* 595. *C C.* — Moissons; landes de Soyaux;
Vesnat; les Planes.

La forme que l'on rencontre le plus communément dans notre département, est celle à calice hérissé de longs poils (*Silene
lusitanica, non **L.***).

— CRETICA *L. sp.* 601. *S. annulata Thor. chl.* 173. *R.R.* —
Champs de lin près le village des Mortiers, commune d'Anville (*Kimmeridgien*).

— PRATENSIS *Gren. et God. fl. de fr. t.* 1. *p.* 216 *Lichnis
dioica D C. fl. fr.* 4. *p.* 762. *et Giboin in quenot. st.
ch. p.* 42. *C.C.C.* — Chemins, décombres, prairies.

— DIURNA *Gren. et God. fl. fr. t.* 1. *p.* 217. *A.R.* — Bois
humides et bords des eaux; Alloue, Saint-Germain (*Lias
inférieur et Schistes cristallins*).

Ces deux espèces ont été confondues par Linné sous le nom
de *Lychnis dioica.* Var. α. et 6. Nous les rattachons avec
MM. Grenier et Godron au genre *Silene* dont ils se rapprochent
par des caractères nettement tranchés.

— NUTANS *L. sp.* 596. *Giboin in quenot. st. ch. p.* 46. *C.*—
Rochers arides; Petite-Garenne; l'Arche, Belle-Roche
(*Angoumien*).

LYCHNIS FLOS-CUCULLI *L. sp.* 625. *C.C.C.* — Prairies, bords
des eaux.

AGROSTEMMA GITHAGO *L. sp.* 624. *C.C.C.* — Moissons; partout.

Nous ne l'avons jamais rencontré qu'avec les segments du
calice entourant constamment la capsule, même à la maturité

parfaite, et non pas *à la fin caducs* (*fl. de fr. Gren. et God. t. 1. p. 224*).

SAPONARIA OFFICINALIS *L. sp.* 584. *P.C.* — Bords d'un fossé aux Bretonnières; bords de la Charente, île Marquet; bords de la Marchadène, près Brillac.

Cette plante habite de préférence les terrains siliceux et gra-nitiques.

GYPSOPHYLA VACCARIA *Sibth. et Sm. fl. græc. prod.* 1. *p.* 279. *Saponaria vaccaria L. sp.* 585. *C.C.* — Moissons de Beauregard, Petit-Rochefort, Châteauneuf.

— MURALIS *L. sp.* 583. *A.C.* — Moissons du Fouilloux près Larochefoucauld (*Oxfordien*); forêt de Ruffec; moissons d'Alloue (*Lias inférieur*); Brillac (*Granit.*).

Cette plante ne se rencontre jamais sur les murs.

DIANTHUS PROLIFER *L. sp.* 587. *C.C.* — Lieux sablonneux ; les Lamberts, les Planes, les Bretonnières, bois de Bardines.

— ARMERIA *L. sp.* 586. *A.C.* — Forêt de Basseau, de la Bracone, de Ruffec.

— CARTHUSIANORUM *L. sp.* 586. *P.C.* — Bardines, Poudrerie, Bois-Menu (*Provencien*).

XV. ALSINEÆ (Bartl.)

SAGINA PROCUMBENS *L. sp.* 185. *C.C.* — Rempart de Beaulieu

à Angoulême, rues de la ville ; dans une chaume argileuse
au milieu de la forêt de Ruffec ; le Fouilloux, près Larochefoucauld.

Les échantillons provenant de ces deux localités sont très-
robustes et bien plus gazonnants que ceux des autres localités.

— APETALA *L. mant.* 559. — Moins commun que le précédent ; moissons sablonneuses de la Grande-Garenne, près
Angoulême ; jardin de Lunesse.

— PATULA *Jord. obs. pl. fr.* (*mai* 1849). *p.* 23. *t.* 2. *f. A.
Sagina ciliata Fries. R.R.* — Rochers humides dans un
chemin près le cimetière de Brillac (*Granit.*).

ALSINE TENUIFOLIA *Crantz. inst.* 2. *p.* 407. — Vieux murs ;
allées des bois ; moissons.

Var. 6. VISCIDA *A. viscidula Thuill. par.* 219. — Moins
commun que le type avec lequel elle se trouve mélangée.
Chaumes de Chante-Grelet (*Angoumien*); Fouilloux, près
Larochefoucauld.

MÆHRINGIA TRINERVIA *Clairv. man. herb.* 150. *A.R.* — Bois
de la Poudrerie ; Mothe de Cherves (*Purbeckien*) ; bois de
Clergon (*Angoumien*).

ARENARIA MONTANA *L. sp.* 606. *Giboin in quenot. st. ch. p.*
42. *R.R.* — Coteaux sablonneux de Garde-Epée ; toute la
forêt de Jarnac (*Purbeckien*).

— SERPYLLIFOLIA *L. sp.* 606. *A.C.* — Moissons, jardins ; çà
et là dans tout le département.

— CONTROVERSA *Boiss. voy. Esp.* 1839. *C.C.C.* — Tous les
coteaux calcaires du département.

Cette espèce longtemps litigieuse et si abondante dans le département de la Charente, offre dans les échantillons Charentais d'assez notables différences avec les descriptions qu'en ont donné les divers auteurs. Nous croyons devoir entrer ici dans quelques détails descriptifs :

Tiges robustes, rameuses, suffruticuleuses, étalées, parsemées de poils blanchâtres, courts, tournés vers le bas, plus abondants au sommet ; feuilles ciliées dans tout leur pourtour surtout les supérieures, non charnues, glabres, lancéolées subulées, à une seule nervure peu sensible; pédoncules fructifères non réfléchis, 4-5 fois plus longs que le calice; sépales ovales aigus, subulés, glabres, légèrement denticulés à la base, à 3 nervures saillantes surtout la médiane, largement scarieux sur les bords ; pétales ovales, obtus, 1/2 fois dépassant les sépales ; graines aplaties, réniformes, noires, fortement tuberculeuses sur le dos; plante vivace.

Examinons maintenant les diagnoses des auteurs que nous avons sous les yeux.

La description du podrome de **M.** de Candolle s'éloigne notablement du type Charentais :

Foliis carnosis, lanceolatis, *enerviis subtus glabris, supra* pubescentibus; pétalis calyce *duplo longioribus ; sepalis obtusiusculis enerviis.*

Comparé avec la description de **MM.** Grenier et Godron (*fl. de fr. t. 1. p.* 260), il en diffère par les feuilles *seulement ciliées à la base, et par les tubercules des graines à peine saillants* (loc. cit.).

L'*A. controversa* (*Boiss.*) décrit par les auteurs de la Flore de France, ne paraît pas être pour eux une espèce bien établie.

Cette espèce, disent-ils (*loc. cit.*), est très-voisine de la précédente (*Arenaria hispida L.*) et l'on pourrait peut-être la regarder comme sa variété glabrescente.

Nous avons comparé notre espèce Charentaise avec des échantillons de l'*A. hispida L.*

Elle en diffère par ses sépales 3 *nerviés* et non 1 *nerviés ;* par ses feuilles *glabres*, non hispides cendrées ; par son calice *glabre*, non pubescent glanduleux.

Elle s'en rapproche par ses pédicelles 2-4 *fois plus longs que le calice ;* par ses graines *à tubercules saillants surtout sur le dos* à la maturité ; par ses feuilles *subulées*, par sa souche *dure, sous frutescente*, ses tiges *diffuses, étalées ;* par sa racine *vivace.*

Enfin comparée à la description que **M. Gay** donne de cette espèce sous le nom d'*A. conimbricensis (cat. Dord. p.* 203 *in act. soc. Lin. Bord. t. XI)*, nous trouvons que nos échantillons s'en rapprochent :

Caulibus pube densa brevissima reflexa vestitis, foliis uninerviis, subulatis, acutiusculis mucronatulis ve ; floribus longiuscule pedicellatis, sepalis ovato oblongis, acutis, margine membranaceis ibique remote ciliolatis, petalis calice paulo longioribus, seminibus reniformibus, rugosis. Cependant elle s'en distingue comme n'offrant pas les caractères suivants : *planta annua, caulibus ascendentibus , foliis (basi ciliatis) ceterum glabris, sepalis obscure trinerviis, dorso vel scabriusculis vel lævissimis.*

Devons-nous attribuer les différences que présentent nos échantillons avec les descriptions précitées, au port, qui selon

quelques auteurs, est très-variable chez cette plante ? (**M.** Delastre (*fl. Vien.*) l'a représentée sous trois états distincts).

Nous pencherions pour cette opinion. Cependant, malgré nos
recherches, nous ne lui avons jamais trouvé que le port et les
caractères que nous avons signalés. La plante de nos coteaux
serait alors une des formes de l'*A. controversa. Boiss.*

Il y a quatre ans environ, nous avons cueilli pour les exsiccata de M. Puel, 600 pieds environ de cette plante, tous de
forme et des caractères identiques, et notre savant ami nous ré-
pondait : c'est bien l'*A. gouffœia (Chaub.)*.

Aujourd'hui la majorité des Botanistes a adopté le nom
proposé en 1839 par **M.** Boissier. Malgré les différences que
nous avons énumérées plus haut et qui tendraient à nous faire
ranger de l'avis de MM. Grenier et Godron, c'est-à-dire à considérer notre espèce Charentaise comme une variété de l'*A. his-*
pida (**L.**), nous ne pouvons nous défendre de la considérer
comme appartenant à l'*A. controversa* (suivant en cela l'opinion des savants Botanistes qui ont étudié la question), mais
comme forme particulière de cette espèce.

Stellaria media *Vill. Daup. 3. p.* 616. *Alsine media Gi-*
boin in quenot. st. ch. p. 42. C.C.C. — Rues, jardins,
décombres.

— holostea *L. sp.* 603. *Giboin in quenot. st. ch. p.* 42. C.
— Bois et haies ; partout.

— graminea *L. sp.* 604. *P.C.* — Lieux ombragés ; Nanteuil-
en-Vallée (*Lias moyen.*); Allouc (*Lias inférieur*) ; St-
Germain (*Schistes cristallins*) ; La Tatre (*Dordonien*) ;
Brossac.

— ULIGINOSA *Murr. prod. gott.* (1770). *p.* 55. *R.R.* —Lieux humides; lit desséché et humide du ruisseau de décharge de l'ancien Etang-Neuf, près Lesterps (*Granit.*).

HOLOSTEUM UMBELLATUM *L. sp.* 130. *Giboin in quenot. st. Ch. p.* 42. *A.R.* — Champs sablonneux des Planes près St-Cybard.

CERASTIUM ERECTUM *Coss. et Germ. fl. par. p.* 39. *Mœnchia erecta. fl. der. Wett* 1-219.*C. glaucum Gren. mon.* 47. *R.* — Pelouses et moissons d'Alloue, canton de Champagne-Mouton.

— VISCOSUM *L. sp. éd.* 2. *p.* 627. *A.C.* — Champs des Bretonnières ; forêt de Ruffec.

— BRACHYPETALUM *Desp. in Pers. syn.* 520. *A.C.* — Champs de Basseau ; forêt de Ruffec ; le Fouilloux, près Larochefoucauld.

— SEMIDECANDRUM *L. sp.* 627. *R.* — Champs sablonneux de Garde-Epée, commune de St-Brice.

— GLUTINOSUM *Fries nov. éd.* 2. *p.* 132. *A.R.* — Vignes des Bretonnières; Poudrerie; terrains sablonneux de Basseau.

— TRIVIALE *Link. enum.* 1. *p.* 433. *C. vulgatum L. sp.* 627. *A.C.* — Prairies du Château-du-Diable ; la Couronne ; la Courade, Grand-Champ (*Angoumien*).

— ARVENSE *L. sp.* 628. *A.R* — Vignes de Bois-au-Roux, de Guignefolles, commune de Verdille (*Kimmeridgien*); Ranville.

MALACHIUM AQUATICUM *Fries hall.* 77. *A.R.* — Bords de la Charente près l'île Marquet; marais de Breuty (*Tourbe*); Grandchamp.

Spergula vulgaris *Bœn.* *C.C.* — Moissons des environs de Larochefoucauld (*Oxfordien*); tout le canton de Confolens (*Schistes cristallins*); Alloue (*Lias inférieur*).

Cette espèce, qui n'est pas mentionnée dans la Flore de France, se distingue du *S. arvensis* par sa tige moins visqueuse, par ses graines orbiculaires comprimées, noires chagrinées, couvertes sur le dos, de petites papilles jaunâtres, à rebord étroit, blanchâtre (*Lloyd. fl. de l'Ouest. p.* 75).

La présence de papilles jaunâtres sur le fruit, dans le *S. arvensis* indiqué par MM. Grenier et Godron (*t.* 1. *p.* 274), et que M. Lloyd (*loc. cit.*) ne reconnaît pas à cette espèce, nous fait supposer que les savants auteurs de la Flore de France confondent les deux espèces dans le *S. arvensis.*

— pentandra *L. sp.* 630. — Moins commun que l'espèce précédente. Champs près le Dolmon, de Garde-Epée (*Sables tertiaires*); moissons de la Poudrerie; vignes du Fouilloux.

Spergularia rubra *Pers. syn.* 1. *p.* 504. *A.R* — Chemin près l'entrée du bourg de Chillac (*Dordonien*); moissons d'Alloue (*Lias inférieur*); coteaux de Saint-Germain-sur-Vienne près Confolens (*Schistes cristallins*).

Notre plante se rapproche beaucoup de la variété α. *Campestris* (*Fenzl.*), à stipules argentés, brillants, surtout dans les échantillons provenant des terrains granitiques.

XVII. LINEÆ (D C.)

Linum gallicum *L. sp.* 401. *Giboin in quenot st. ch. p.* 42.

A.R. — Champs sablonneux du Fouilloux ; Petite-Garenne (*Angoumien*) ; Planteane, commune de Verdille (*Kimmeridgien*) ; Artenac ; Beaulieu (Lecler) ; Dignac (*Carentonien*).

— STRICTUM *L. sp.* 400. *R.* — Moissons des Mérigots ; Château-du-Diable.

Var. α LAXIFLORUM ; *L. corymbulosum Rchb. fl. exc.* 834. *P.C.* — Bois de la Petite-Garenne.

Var. ϐ. CYMOSUM *Gren. et God. fl. fr. t. I. p.* 281. *R.* — Rochers et talus au-dessus du gouffre de la Touvre (*Kimmeridgien*).

— SUFFRUTICOSUM *L. sp* 400. *C. C.* — Sur toutes les chaumes calcaires du département.

— ANGUSTIFOLIUM *Huds. angl.* 134. *A.C.* — Chemins ; route de Ste-Sévère à Cognac (*Coniacien*) ; cimetière de Bardines, où il acquiert des proportions colossales (*Carentonien*).

— USITATISSIMUM *L. sp.* 397. *Giboin in quenot. st. Ch. p.* 42. — Cultivé en grand dans le canton d'Aigre et subspontané dans les moissons.

— HUMILE *Mill. Planchon. Bull. soc. d'agriculture de l'Hérault. t.* 34. *p.* 214. — Cultivé avec le précédent et également subspontané dans les moissons.

— AUSTRIACUM *L. sp.* 399. *R. R.* — Chante-Grelet ; l'Arche ; la Couronne.

Cette espèce, essentiellement méridionale, habite dans la Charente les coteaux calcaires des environs d'Angoulême, où elle croît en grande quantité ; elle affecte deux formes particulières :

l'une, et c'est la plus commune, est robuste, à tiges couchées, particulière aux lieux herbeux et aux bords des chemins pratiqués sur les chaumes par le passage des piétons.

La seconde, que l'on peut considérer comme une sous-variété *Pumila* (*Nobis*), est plus petite dans toutes ses parties que le type précédent, presque toujours simple, plus rarement rameuse de 50 à 60 millimètres; habite de préférence les endroits très-arides et rocailleux des coteaux de Clergon.

— CATHARTICUM *L. sp.* 401. — Bois frais, prairies, bords des chemins ; partout.

M. Planchon (*loc. cit. Bull. soc. d'agriculture de l'Hérault. t.* 34. *n*os *de mai et juin* 1847. *p.* 214) dans une note sur deux espèces de *Lin* confondues sous le nom de *Lin usuel*, se fonde pour distinguer ces deux espèces sur un caractère qu'il prend dans les barbes des cloisons et demi-cloisons de la capsule. Ce caractère, que nous n'avons vu mentionné dans aucun des ouvrages qui ont été à notre disposition, nous a paru nouveau. Nous avons pensé qu'il n'était pas sans intérêt de comparer le plus ou moins de pubescence des cloisons et demi-cloisons de la capsule dans les différentes espèces du genre *Linum*.

Ce caractère constant et invariable, dans tous les échantillons d'une même espèce soumis à l'examen, nous a conduit aux conclusions suivantes, pour les *Linum* Charentais que nous avons étudiés :

L. gallicum. — Cloisons barbues; demi-cloisons barbues intérieurement, seulement dans la partie supérieure.

L. strictum. — Cloisons barbues au milieu ; demi-cloisons imberbes.

L. suffruticosum. — Cloisons et demi-cloisons glabrescentes.

L. angustifolium. — Cloisons et demi-cloisons fortement barbues.

L. usitatissimum. — Cloisons et demi-cloisons imberbes.

L. humile. — Cloisons et demi-cloisons barbues intérieurement.

L. austriacum. — Cloisons et demi-cloisons barbues à la base, ces dernières, couvertes extérieurement de petits poils cotonneux, visibles à la loupe.

L. catharticum. — Cloisons et demi-cloisons longuement barbues sur toutes leurs faces.

RADIOLA LINOIDES *Gmel. syst.* 1. *p.* 289. *Linum radiola L. sp.* 402. A.C. — Terrain sablonneux; le Fouilloux, près Larochefoucauld; châtaigneraies de Saint-Germain-sur-Vienne (*Granitique*); châtaigneraies de Vesnat, près St-Yrieix (*Portlandien*).

XVIII. TILIACEÆ (Juss.)

TILIA SYLVESTRIS *Desf. cat. par.* 152. *Giboin in quenot. st. ch. p.* 41. P. C. — Bois de Clergon, de Saint-Michel (*Carentonien*); les Bretonnières, près Roullet.

XIX. MALVACEÆ (Brown.)

MALVA MOSCHATA *L. sp.* 971. P. C. — Bois de la Poudrerie;

prairies des Lamberts; forêt de Ruffec, où il acquiert de très-grandes dimensions.

— **SYLVESTRIS** *L. sp.* 969. *Giboin in quenot st. ch. p.* 41.
C. C. C. — Champs, décombres, cours, chemins.

On rencontre quelquefois une forme à tiges robustes, maculées de rouge, droites, poilues; à fleurs plus larges que dans le type; à feuilles très-longuement petiolées, glabres, à limbe suborbiculaire de 10-15 centim. de large; décombres et lieux humides; cours de Lunesse, près Angoulême.

— **NICÆENSIS** *All. ped.* 2. *p.* 40. *C. C.* — Lieux incultes; bords des chemins; partout et dans tous les terrains.

Ses carpelles *ridés en réseau* et comme *tuberculeux*, le font facilement distinguer de l'espèce suivante, dont les carpelles sont *lisses*.

— **ROTUNDIFOLIA** *L. sp.* 969. *C.* Mais moins que l'espèce précédente. — Cours du château de Vouzan (*Angoumien*); Bretonnières, près Roullet.

ALTHÆA OFFICINALIS *L. sp.* 966. — Bords de la Charente; Bardines; Vesnat; vallée du Péré et de l'Houme; La Valette, bords de la Nizone (*Coniacien*).

Cette espèce, beaucoup plus commune dans la Charente-Inférieure que dans notre département, affectionne les bords des marais salans.

Elle est bien réellement spontanée dans notre région.

— **CANNABINA** *L. sp.* 966. *Giboin in quenot st. ch. p.* 41. *A. C.* — Haies et prairies, bords des chemins; chemin de Rabion (*Angoumien*); prairies de Chez-Negret, Verdille, Auge (*Kimmeridgien*); St-Médard (**LECLER**).

— **HIRSUTA** *L. sp.* 966. *P. C.* — Champs cultivés ; Vars ; Lupsault, Verdille, Aigre (*Kimmeridgien-Oxfordien*) ; Châteauneuf (*Carentonien*).

XX. GERANIACEÆ (D C.)

GERANIUM SANGUINEUM *L. sp.* 958. *Giboin in quenot st. ch. p.* 41. *A. C.* — Lieux secs et pierreux ; Petite-Garenne ; forêt de la Braconne (*Portlandien*) ; chaumes du Gravier, commune des Gours ; bois de Corveau (*Kimmeridgien*).

Cette espèce est en très-grande abondance dans les lieux où elle se rencontre. C'est une rareté d'en trouver des pieds isolés.

— **COLUMBINUM** *L. sp.* 956. *Giboin quenot st. ch. p.* 41. *A. C.* — Haies, vignes, fossés ; garenne de Pèchebrun, commune de Longré ; Verdille ; Auge ; Estrade ; bois de St-Médard (*Kimmeridgien-Portlandien*) ; vignes des Bretonnières (*Angoumien*).

— **DISSECTUM** *L. sp.* 956. *C. C.* — Toutes les vignes du pays-bas.

— **PYRENAICUM** *L. mant.* 257. *R. R.* — Talus du chemin de fer entre la Couronne et Syllac. Nous pensons que cette belle espèce est spontanée dans la seule localité où nous l'avons recueillie, à moins que quelque graine n'ait été apportée là où elle se trouve, à une époque qui remonterait à l'établissement du chemin de fer d'Angoulême à Bordeaux.

— **MOLLE** *L. sp.* 955. *C.C.* — Lieux incultes ; vignes ; Roul-

let ; Sireuil *(Carentonien)* ; Verdilles ; Cherves (*Purbeckien*).

Varie à fleurs blanches, la plante est alors plus petite et plus
grêle.

— **ROTUNDIFOLIUM** *L. sp.* 957. *C.* — Commune de Verdille ;
Sonneville ; Auge ; environs d'Angoulême.

— **LUCIDUM** *L. sp.* 955. *A.C.* — Commune de Longré, sur
les vieux murs ; la Grande-Fosse de la Braconne près Agris ;
St-Marc ; Hurtebise.

— **ROBERTIANUM** *L. sp.* 955. *G. ciconium Giboin in quenot
st. ch. p.* 41. — Décombres, chemins.

— **MODESTUM** *Jord. in cat. Grenier* 1849. — Moins commun
que le précédent ; vignes des Bretonnières ; chemin du
Petit-Rochefort.

Se distingue du *G. robertianum* par ses anthères jaunes, arrondies, bilobées ; tandis que dans le *G. robertianum* elles sont
d'un rouge vif, orbiculaires.

ERODIUM MALACOIDES *Willd. sp.* 3. *p.* 639. *R.* — Vignes argileuses, bords des chemins ; Roullet ; Bretonnières ; Sireuil *(Carentonien)*.

— **BOTRYS** *Bertol. Amœn p.* 35. *R R.* — Nous avons recueilli
cette rare espèce, tout-à-fait méridionale, sur les berges de
la route de Périgueux, près Ste-Catherine *(Angoumien)*.

— **CICUTARIUM** *L'Herit. in Ait. hort. kwe.* 1. *éd.* 2. *p.* 414.
Geranium cicutarium, Giboin in quenot st. ch. p. 41.
C.C. — Tous les endroits sablonneux.

XXI. HYPERICINEÆ (D C.)

ſlYPERICUM PERFORATUM *L. sp.* 1105. *Giboin in quenot st.*
ch. p. 41. — Champs, bords des chemins ; partout.

— TETRAPTERUM *Fries nov*. 236. *H. quadrangulare Giboin*
in quenot st. ch. p. 41. *C.C.* — Bords des eaux ; marais de l'Houme ; St-Marc ; Belle-Roche , le long des fossés tourbeux.

— HUMIFUSUM *L. sp.* 1105. *A.C.*— Garde-Epée, commune de
St-Brice ; landes de Soyaux (*Sables tertiaires*); forèt de
la Braconne ; moissons de la Poudrerie ; Alloue ; Saint-
Germain ; Brillac (*Schistes cristallins*).

— LINEARIFOLIUM *Vahl. symb.* 1. *p.* 65. *R.R.* —Rochers granitiques des coteaux de Saint-Germain-sur-Vienne, près
Confolens (GUILLON).

— PULCHRUM *L. sp.* 1106. *Giboin in quenot. st. ch. p.* 41.
C.C. — Bois et landes siliceuses.

— HIRSUTUM. *L. sp* 1105. *Giboin in quenot. st. ch. p.* 41.
P.C. — Forèt de Jarnac, forèt de Tusson (*Kimmerid-*
gien), de Ruffec ; bois de l'Oisellerie ; Basseau.

— MONTANUM *L. sp.* 1105. *A.C.* — Forèt de la Braconne,
près le village de Chef-Roby ; bois de Breuly ; St-Marc ;
Hurtebise.

— HIRCINUM *L. sp.* 1103. *R.* — Evidemment naturalisé sur
les ramparts d'Angoulême, du côté de St-Cybard.

Nous ignorons si cette espèce a été cultivée dans les jardins
de la ville, on n'en rencontre pas aujourd'hui.

— **ANDROSÆMUM** *L. sp.* 1102. *R. R. R.* — Prairies au bas de la
garenne de Garde-Epée; église abandonnée de la Châtre.

ÉLODES PALUSTRIS *Spach. ann. sc. nat. 2e série. t. 5. p.* 171.
A.R. — Ruisseau des landes de Chantillac et Touvérac (*Sa-
bles tertiaires*); sources du Clain, près Alloue; Brillac;
Saint-Germain; Lesterps (*Schistes christallins*).

Cette plante, indiquée par MM. Grenier et Godron, dans les
prairies tourbeuses de toute la France (*fl. de fr. t.* 1. *p.* 321),
ne se rencontre dans la Charente que dans les terrains siliceux
et granitiques; nous l'avons cherchée inutilement dans d'autres
stations.

XXII. ACERINEÆ (D C.)

ACER PSEUDO PLATANUS *L. sp.* 1495. *Giboin in quenot. st.
ch. p* 41. — Cultivé et planté sur les promenades. Subspontané à Freyères, commune de Longré (*Kimmeridgien*).

— **MONSPESSULANUM** *L. sp.* 1497. *C.C.* — Haies et bois du
calcaire.

On rencontre fréquemment une forme dont les samarres ont
les ailes supperposées l'une sur l'autre et d'un rouge vif.

Cette espèce, beaucoup plus commune que la suivante, est
connue des paysans sous le nom d'*Ager*, probablement du nom
latin *Acer*; ils donnent le nom d'érable à l'*Acer campestre*.

— **CAMPESTRE** *L. sp.* 1477. *Giboin in quenot. st ch. p.* 41.
A.C. — Bois de la Petite-Garenne; Mouthiers; Foulpougne (*Portlandien*).

Var. α **HEBECARPUM** *Borr. fl. du cent. éd.* 1. *p.* 35. *t.* 2. *A.C.* — Mélangé avec le type; — fruits pubescents, ailes larges.

Var. ε. **COLLINUM** *Borr. loc. cit. R.* — Estrade commune de Verdille; — fruits glabres, plus petits.

XXIII. AMPELIDEÆ (Humb.)

VITIS VINIFERA *L. sp.* 293. *Giboin in quenot st. ch. p.* 41. *C.C.* — Haies, bois frais ; St-Michel ; forêt de Tusson, Basseau.

Cette plante redevenue sauvage dans beaucoup de localités, est l'objet d'une grande culture dans toute la partie calcaire du département et notamment dans la portion connue sous le nom de *pays-bas.* Peu cultivée dans l'arrondissement de Confolens, nous ne l'y avons jamais vue à l'état spontané.

XXIV. HIPPOCASTANEÆ (D C.)

ÆSCULUS HIPPOCASTANUM *L. sp.* 488. *Giboin in quenot. st. ch. p.* 41.

Nous ne mentionnons ici ce bel arbre, généralement planté dans toutes les avenues et les promenades du département, que pour signaler un individu dont les dimensions nous ont paru remarquables et qui existe au village de Créce, sur la limite extrème de la Charente et de la Charente-Inférieure.

Le tronc mesuré vers son milieu présente une circonférence

de 4 mèt. 35 centim.; sa hauteur, à partir de la base jusqu'à sa bifurcation, est de 5 mètres. Chacune des deux branches de la bifurcation présente à son milieu une circonférence de 2 mètres ; d'une hauteur totale de 23 mètres, il couvre une surface de 7 mètres de rayon.

Ce magnifique géant croît au milieu d'une plantation de ses congénères, dont les troncs offrent une moyenne de 2 à 3 mètres de circonférence.

XXVII. OXALIDEÆ (D C.)

OXALIS ACETOSELLA *L. sp.* 620. *Giboin in quenot. st. ch. p.* 41. *R.R.R.* — Bois humides au pied des rochers granitiques qui bordent l'Issoire, près Saint-Germain-sur-Vienne. Nous n'avons observé cette plante que dans le terrain granitique.

— CORNICULATA *L. sp.* 623. *Giboin. in quenot. st. ch. p.* 41. *R.R.R.* — Au pied d'un mur, à l'Ardillier, près la Madelaine, sur la route de Limoges ; haies des environs de La Valette *(Coniacien)*.

XXIX. RUTACEÆ (Juss.)

RUTA GRAVEOLENS *L. sp.* 528. *var.* γ. *D C. fl. fr.* 4. *p.* 732. *R.R.* — Ruines de l'ancienne église de St-Cybard ; château de Chalais ; décombres aux pieds du château de Larochandry, près Mouthiers.

XXXI. CELASTRINEÆ (R. Brown.)

Evonymus europæus *L.sp.* 286. *v.α. E. vulgaris scop. carn.* *1. p.* 166. *Giboin in quenot st. ch. p.* 44. — Haies, bois ombragés, bords des eaux ; partout dans le calcaire.

Cet arbuste atteint souvent de fortes dimensions , il en existe un pied, notamment, au bord de la fontaine de Clergon sur la route de Vœuil à Montmoreau , dont le tronc présente un diamètre de 17 centimèt. 50 ; sa hauteur est de 4 mètres.

XXXIII. ILICINEÆ (Brong.)

Ilex aquifolium *L. sp.* 181. *Giboin in quenot. st ch. p.* 44. — Bois, landes ; Petite-Garenne ; Basseau, où il est rare ; chaumes et bois de la Tourette.

Var. α senescens *Gaud. helv.* 1. *p.* 462.

Var. ϐ. heterophylla *Rchb. fl. excur.* 433.

Ces deux variétés, ou plutôt ces deux formes, se rencontrent, mais peu fréquemment.

Nous sommes entièrement de l'avis de MM. Grenier et Godron (*fl. de fr. t.* 1. *p.* 334). Nous ne considérons les deux variétés (*Gaud. et Rchb.*) que comme des formes dépendant de l'âge de la plante.

Les pieds buissonneux et peu élevés, présentent constamment des feuilles épineuses, c'est seulement lorsqu'ils ont acquis de fortes dimensions et qu'ils sont devenus des *Arbres*, que le feuillage change et devient senescent ou presque senescent.

Il est à remarquer que, parvenus à cet état, ils ne fleurissent, et par conséquent ne fructifient que très-rarement, tandis qu'au contraire, les pieds buissonneux et à feuilles épineuses, sont couverts de fleurs et de fruits.

XXXIV. RHAMNEÆ (R. Brown.)

RHAMNUS CATHARTICA *L. sp* 279. *Giboin in quenot. st. ch.* p. 44. A.R. — Haies du chemin de Chez-Grelet (*Caren-tonien*) ; garenne d'Estrade, commune de Verdille.

Il existe à Villars, près Agris (*Oxfordien*), une haie composée entièrement de cet arbuste, dont les troncs sont d'une hauteur de 3 mètres et de 20 à 25 centimèt. de diamètre.

MM. Grenier et Godron (*fl fr. t.* 1 *p.* 331), ne lui assignent en moyenne qu'une hauteur de 2-3 mètres; il n'atteint guère une plus grande dimension, lorsqu'il croît dans les haies, où il est sujet à être coupé à cette hauteur; mais dans les bois, il atteint jusqu'à 8 et 9 mètres.

— INFECTORIA *L. mant.* 49. *Giboin in quenot st. ch.* p. 44. A.R. — Chaumes de la Tourette, l'Arche, Chante-Grelet, Rabion (*Angoumien*).

Toujours dioïque. Les individus mâles sont plus buissonneux et moins épineux que les individus femelles; les feuilles sont petites, elliptiques, d'un vert jaunâtre, tandis que dans les femelles elles sont assez grandes, ovales, d'un vert foncé.

— FRANGULA *L. sp.* 280. *Giboin in quenot. st. ch. p.* 44. *A.C.*
— Bords des eaux ; marais ; bois humides ; bois du Cimarre, près St-Yrieix (*Angoumien*) ; marais de Breuty ;
marais de l'Houme (*Portlandien*) ; Belleroche.

XXXVI. PAPILIONACEÆ (L.)

ULEX EUROPÆUS *Sm. fl. brit.* 756. *Giboin in quenot. st. ch.
p.* 43. *C.* — Landes de La Faye, près Confolens ; le
Fouilloux ; Agris ; Larochefoucauld.

Commun dans les terrains granitiques et les sables tertiaires
de nos landes, l'*Ulex europœus* se rencontre rarement dans le
calcaire pur. Nous ne lui connaissons qu'une seule station sur
la route de Châteauneuf, près Boisbedeuil, encore n'y croît-il
qu'en très-petit nombre. Dans les terrains granitiques il couvre
de vastes espaces, mélangé avec l'espèce suivante, mais moins
commun.

— NANUS *Sm. fl. brit.* 757. *C.C.* — Landes, bois sablonneux.

Il est également rare de rencontrer cette espèce dans les calcaires, cependant elle y prospère mieux et plus communément
que l'*Ulex europœus.*

M. Charles Desmoulins (*Cat. Dord. ex act. soc. lin. de
Bor. t.* XI *p.* 215) signale deux formes particulières aux
deux espèces : 1° forme *Thyrsoide ;* 2° forme *lache et souple.*
Jusqu'ici nous n'avons rencontré que la forme lache dans un
bois aride sur le calcaire, près Puymoyen (*Angoumien*). — Arbuste diffus, rameux, de 1 mètre environ, peu garni de fleurs, 2

à chaque ramuscule florifère; à rameaux couverts de poils ara-
néeux (*loc. cit.*)

Sarothamnus vulgaris *Wimmer. fl. von Schlesien. éd.* 2.
p. 148. *Spartium scoparium* **Giboin** *in quenot st. ch.*
p. 43. — Bois sablonneux de la Poudrerie ; landes de
Soyaux; de Chantillac; le Fouilloux; St-Germain.

Caractéristique des terrains siliceux, il est extrêmement rare
de le rencontrer dans la formation crétacée pure.

Genista sagittalis *L. sp.* 998. *C.C* — Forêt de la Braconne; Ronsenac (**Kimmeridgien**); fosse mobile.

— **pilosa** *L. sp.* 999. *Giboin in quenot. st. ch. p.* 42. —
Bois de la Petite-Garenne ; forêt de la Braconne, près la
fosse mobile.

Var. **argentea** (*Nobis*). *C.C.* — Chaumes de Chante-Grelet, l'Arche.

Se distingue du type par ses tiges de 1 *décimètre au plus,
couchées, radicantes;* tandis que dans le *C. pilosa* (type) elles
s'élèvent jusqu'à 1 mètre, jamais radicantes ; par ses feuilles
*petites, ovales, cunéiformes, à limbe divisé par la nervure
médiane en deux portions appliquées l'une sur l'autre, couvertes de poils soyeux ; par ses gousses plus courtes* (10 *mill.*)
1-2 *spermes, rarement plus, couvertes, de longs poils soyeux,
argentés.*

— **tinctoria** *L. sp.* 998. *Giboin in quenot st. ch. p.* 43. *C.C.*
— Bois, marais, landes, tout le calcaire.

— **anglica** *L. sp.* 999. *Giboin in quenot st. ch. p.* 43. *P.C.*
— Forêt de Jarnac; Alloue; landes entre la Font-d'Alloue
et St-Germain ; Lesterps (*Sables granitiques*).

Cytisus supinus *L. sp.* 1042. *A.C.* — Bois de la Petite-Garenne ; Bretonnières ; Lupsault (*Portlandien*).

Lupinus reticulatus *Desv.*, *ann. bot.* 3. *p.* 100. *L. angustifolius D C. fl. fr.* 4. *p.* 507. *L. linifolius Boreau! fl. cent.* 2. *p.* 179. *R.R.* — Nous n'avons rencontré cette espèce que dans les moissons sablonneuses de Vesnat, près St-Yrieix et dans une allée du bois de Basseau, dans des sables d'alluvion, dont on avait extrait des cailloux pour le pavage des routes.

MM. Grenier et Godron (*fl. fr. t.* 1. *p.* 366) donnent comme caractères du *Lupinus reticulatus : graines petites (5 millimètres), ovoïdes, blanchâtres, avec des lignes noires disposées en réseau et limitant de petits espaces parsemés de points noirs, une tache noire triangulaire près l'ombilic.*

Nous ne pensons pas que ce caractère donné par les savants auteurs de la Flore de France, soit constant et invariable ; nous avons étudié et comparé un grand nombre de graines, et dans toutes celles provenant d'une même gousse, nous avons observé de nombreuses variations.

Celle que nous avons rencontrée le plus communément, peut être définie : graines petites (4 *millimètres, jamais plus*), *ovoïdes, comprimées latéralement, fauves, couvertes de petits points noirs très-rapprochés par plaques en certains endroits, sans tache à l'ombilic.*

Notre plante est-elle le *L. reticulatus* (*Desv.*), ou plutôt ne serait-elle pas le *L. linifolius* de *Roth?* ou bien encore ces deux espèces ne devraient-elles pas être considérées comme n'en formant qu'une seule?

MM. Grenier et Godron (*loc. cit.*), doutent que les *L. reti-*

culatus Desv. et *Linifolius Roth*, soient une même espèce. Ce qui fixe leur opinion à ce sujet, c'est que cet auteur dit : graines globuleuses. D'un autre côté Agardh (*Synopsis generis Lupini lundæ*, 1835), donne à l'espèce de Roth, des graines : *Subglobosis maturitate, badiis umbrino et flavo variegatis.*

Les graines de notre espèce se rapportent un peu à cette description.

Gussone décrit également une espèce sous le nom de *L. linifolius*, espèce voisine du *reticulatus*, et à laquelle il donne des graines : *exacte globosis*, il est vrai ; mais *badiis vix nigro maculatis.*

Selon nous, le plus ou moins de rondeur ou d'aplatissement de la graine, n'est qu'un caractère de bien peu de valeur, car on rencontre des graines parfaitement rondes à côté de graines comprimées à parfaite maturité, aussi bien qu'avant l'entière maturation.

Il existe encore une troisième espèce à semences globuleuses, et autrement colorées, qui, d'après MM. Grenier et Godron (*loc. cit.*), serait vraisemblablement le *L linifolius Roth.* selon l'opinion de Gussone et d'Agardh.

Le rapprochement qui existe dans notre espèce Charentaise, d'un côté avec les fruits décrits par Agardh : *badiis umbrino et flavo variegatis;* de l'autre avec ceux décrits par Gussone : *badiis vix nigro maculatis;* nous porte à penser : que les *L. linifolius Roth, et reticulatus Desv.* ne doivent être considérés que comme une même espèce.

Ononis natrix *L. sp.* 1008. *Ononis viscosa, Giboin in quenot st. ch p.* 43. *A.C.* — Chemins, pelouses arides ; anciennes carrières de l'Ile-d'Espagnac (*Carentonien*) ;

route de Rouillac (*Portlandien*); bois Dufour, commune de Lupsault.

— ANTIQUORUM *L. sp.* 1006. *R.R.* — Chaumes de Malberchie, près La Valette *(Coniacien)*.

Parfaitement distinct de l'*O. campestris* dont il est trèsvoisin.

— PROCURRENS *Wallr. sched.* 381. *Dub. bot.* 120. *O. spinosa L. fl. suec.* 647 *(non L. sp.) C.C.* — Vignes, champs; partout.

Var α. ARVENSIS *Gren. et God. fl. fr. t.* 1. *p.* 375. *O. arvensis Lam. dict.* 1. *p.* 505. *et Giboin in quenot st. ch. p.* 43. Moins commun que le type. — Bords des chemins; landes de Soyaux.

— STRIATA *Gouan, illust.* 47. *de Rochebrune in Puel exsic. n°* 19. *C.C.* — Chaumes de l'Ile-d'Espagnac; l'Arche; Chante-Grelet; la Couronne; La Valette; tout le calcaire.

— COLUMNÆ *All. ped.* 1. *p.* 318. *tab.* 20. *fig.* 3. — Moins commun que le précédent; dans les mêmes localités.

ANTHYLLIS VULNERARIA *L. sp.* 1012 *Giboin in quenot st. ch. p.* 43. *A.C.* — Pelouses des bois; chaumes des Lamberts; de Chante-Grelet; Barillon, près la Couronne.

Nous l'avons toujours rencontré à fleurs jaunâtres mélangées de rouge pourpre, surtout à la fin de l'anthèse.

La variété γ *rubriflora D C. prod.* 2. *p.* 170, a été érigée au rang d'espèce par M. Boreau, sous le nom d'*A. dillenii*. Le nom de *Vulneraria* est conservé à l'espèce dont les fleurs sont jaunes.

Nous ne pouvons nous résoudre à adopter cette manière de voir, les caractères sur lesquels ont été créées les deux espèces ne nous paraissant pas suffisants pour les légitimer. Nos échantillons démontrent le passage du jaune au rouge intense dans les fleurs de cette espèce.

La racine de l'*A. dillenii,* grêle à la manière des racines annuelles, et celle de l'*A. vulneraria,* grosse et vivace, d'après le savant botaniste Angevin, constitueraient un caractère ; nous avons toujours rencontré une racine vivace, une souche grosse, dans les échantillons à fleurs jaunes, aussi bien que dans ceux offrant les deux teintes sur le même pied.

MEDICAGO LUPULINA *L. sp.* 1097. *Giboin in quenot. st. ch. p.* 43. — Champs, moissons, chemins, lieux arides.

— **SATIVA** *L. sp.* 1096. *Giboin in quenot st. ch. p.* 43. — Cultivé en grand et subspontané.

— **ORBICULARIS** *All. ped.* 1. *p.* 314. *A.C.* — Anville ; tout le pays-bas ; chaumes de l'Arche ; chemin des Argentiers, près Angoulême.

— **MARGINATA** *Willd. en. h. ber.* 802. *A.C.* — Mélangé avec l'espèce précédente, dans les mêmes localités.

— **APICULATA** *Willd p.* 3. *sp.* 1414. *M. polycarpa, v. ε. apiculata, Gren. et God. fl. de fr. t.* 1. *p.* 390. *A R.* — Moissons de Belle-Vue, près l'Arche (*Angoumien*).

— **DENTICULATA** *Willd loc. cit. M. polycarpa, v. γ. denticulata Gren. et God. loc. cit. A.C.* — Moissons, chemins ; tout le calcaire.

A l'exemple de M. Lloyd, et d'autres botanistes, nous conservons les deux noms de Willdenow, réunis par MM. Grenier et Godron (*loc. cit.*) sous le nom de *M. polycarpa*. Le caractère tiré des épines des gousses nous paraît suffisant pour distinguer ces deux espèces.

MACULATA *Willd. sp.* 3. *p.* 1412. *C.C.* — Lieux cultivés, et autour des habitations.

— MINIMA *Lam. dict.* 3. *p.* 636. *Giboin in quenot st. ch. p.* 43. *C.C.C.* — Pelouses sablonneuses, et lieux secs.

Nous avons toujours vu les épines des gousses de cette espèce, de la même longueur, quelque soit la provenance des échantillons.

MELILOTUS OFFICINALIS *Lam. dict.* 4. *p.* 63. *M. arvensis Wallr. sched.* 391. *A.C.* — Lieux cultivés ; champs de l'Arche, près Angoulême (*Carentonien*) ; Ruffec (*Oxfordien*).

— MACRORHIZA *Pers. syn.* 2. *p.* 348. *M. officinalis Willd. en. hort. berol.* 2. *p.* 789. *Giboin in quenot st ch. p.* 43. *A.C.* — Bords des chemins , bois , bords des eaux ; Vesnat (*Portlandien*); Veuille, Mouthiers (*Angoumien*).

TRIFOLIUM ANGUSTIFOLIUM *L. sp.* 1083. *P.C.* — Vesnat ; Petit-Rochefort (*Angoumien*); forêt de Jarnac; Baignes ; Chantillac (*sables tertiaires*); Barillon, près la Couronne.

— INCARNATUM *L. sp.* 1083. — Rarement cultivé , subspontané dans les moissons.

Var. ε. MOLINIERII *T. molinierii Balb. cat. taur.* 1813. *non Rchb. P.C.* — Prairies de Basseau (*Gardonien*); Luxé, la Terne (*Oxfordien*).

— RUBENS *L. sp* 1081. *P.C.* — Petite-Garenne ; Ranville ; Verdille ; Ange; Tusson.

Celle localité fournit aussi de nombreux échantillons, identiques à ceux décrits par M. Desmoulins (*cat. Dord. supp. fin. p.* 39) : feuilles inférieures longuement ciliées, non-seulement sur le dos de la nervure médiane, mais encore au dos du bord supérieur ; partie libre des stipules, parfaitement entière. (*loc. cit.*)

Nous avons rencontré une variation à fleurs blanches dans les moissons des landes de Soyaux (*Sables tertiaires*).

— MEDIUM *L. fl. suec.* 2ᵉ *éd.* 558. *A. R.* — Champs qui bordent la route d'Anais à Jauldes (*Oxfordien*); Luxé; Vars ; Villognon; Petite-Garenne (*Angoumien*).

— PRATENSE *L. sp.* 1082. *Giboin in quenot. st. ch. p.* 43. *C.C.C.* — Se rencontre partout.

— OCHROLEUCUM *L. syst.* 3. *p.* 233. *A R.* — Petite-Garenne ; Basseau (*Gardonien*); tout le Pays-Bas (*Coniacien*).

— MARITIMUM *Huds. angl.* 1ª *éd.* 284. *C.* — Ranville (*Oxfordien*) ; le pays-bas; Auge; St-Médard.

— ARVENSE *L. sp.* 1083. *C.C.* — Terrains sablonneux, moissons, landes ; partout.

— GRACILE *Thuil. par.* 2ᵉ *éd.* 383 ! *non Rchb. T. arvense var.* 6. *gracile D C. fl. fr.* 4. *p.* 530. *R.R.* — Moissons granitiques de Lesterps, près l'ancien Etang-Neuf, seule localité où nous l'ayons rencontré jusqu'ici.

— STRIATUM *L. sp.* 1085. *R.R.* — Pelouses sablonneuses de la forêt de Basseau, près St-Michel (*Sables tertiaires*); les Lamberts (*id.*).

— SCABRUM *L. sp.* 1084. *C.* — Chaumes arides des environs d'Angoulême (*Carentonien*).

— SUBTERRANEUM *L. sp*. 1080. *R.R.R.* — Bords de la route de Ruffec à Nanteuil, tout près de cette localité (*Lias moyen*).

— FRAGIFERUM *L. sp* 1086. *C.C.C.* — Pelouses ; bords des chemins ; terrains argileux.

— RESUPINATUM *L. sp.* 1086. *A.R.* — Prairies d'Auge ; Bonneville ; le pays-bas (*Coniacien*).

— GLOMERATUM *L. sp.* 1084. *R.R.* — Dans une allée sablonneuse et aride près la Poudrerie, forêt de Basseau.

— REPENS *L. sp.* 1080. *C.C.C.* — Partout.

— FILIFORME *L. sp.* 1088. *C.* — Moissons des terrains sablonneux ; les Lamberts ; Basseau ; partout.

— PROCUMBENS L. *sp.* 1088. *C.C.* — Mêmes lieux que le précédent.

— PATENS *Schreb. ap. Sturm. fl. germ.* 16. *T. parisienne* D C. *fl. fr.* 5. *p.* 562. *C.C.C.* — Dans toutes les prairies.

DORYCNIUM SUFFRUTICOSUM *Vill. Dauph.* 3. *p.* 416. *Savatier in Puel. exsic. n°* 129. *R.R.* — Route de Bordeaux, talus près le Grand-Girac (*Angoumien*) ; bois de Lupsault ; chaumes de la Citerne, commune d'Oradour-Chillé (*Oxfordien*).

TETRAGONOLOBUS SILIQUOSUS *Roth. tent. germ.* 1. *p.* 323. *A.C.* — Lieux humides ; marais de Breuty ; Mouthiers ; Bourisson ; Mothe-de-Cherves (*Purbeckien*) ; Bréville, Longré, Aigre (*Oxfordien*).

LOTUS CORNICULATUS *L. sp.* 1092. *Giboin in quenot. st. ch.* p. 43. *C.C.C.* — Chaumes, bois, landes.

— TENUIS *Kit. in Willd. en berol.* 797. *R.* — Fossés humides, près Bréville et la forêt de Jarnac.

— ULIGINOSUS *Schkuhr. handb.* 2. *p.* 412. *t.* 211. *A.C.* — Bois humides; marécages de St-Michel; Basseau; Garde-Epée, commune de St-Brice.

ASTRAGALUS GLYCYPHYLLOS *L. sp.* 1067. *P.C.* — Petite-Garenne; forêt de Basseau; garenne d'Estrade.

Se rencontre tantôt couché et étalé à terre dans les lieux secs; tantôt robuste, dressé, de 10-12 décimètres, dans les endroits ombragés de la forêt de Basseau.

— PURPUREUS *Lam. dict.* 1. *p.*314. *R.R.R.* — Chaumes de la Cadeau commune de St-Fraigne; forêt de Tusson, forêt de Jarnac (*Oxfordien-Purbeckien*); chaumes du Péré, commune d'Oradour-Chillé (*Portlandien*).

Cette plante, une des plus rares de notre département, est signalée comme éminemment méridionale (*fl. de fr. Grenier et Godron. p.* 440. *t.* 1.)

Elle est indiquée dans la Charente-Inférieure (*Lloyd fl. de l'Ouest. p.* 128.)

— MONSPESSULANUS *L. sp.* 1072. *R.R.* — Bois de Chabanne, sur la limite des deux Charentes; chaumes de St-Michel près Angoulême; Barillon, près la Couronne; coteaux de Pont-Breton.

ROBINIA PSEUD-ACACIA *L. sp.* 1043. *Giboin in quenot. st. ch. p.* 43. — Cet arbre est maintenant naturalisé dans la forêt de Chardin, près Sireuil, et dans les bois des environs de Roullet.

VICIA SATIVA *L. sp.* 1037. *C.C.C.* — Moissons.

Souvent cultivé sous les noms de *Vesce* et de *Coupage.*

Nous avons rencontré une variation à fleurs blanches, dans les moissons de Selette, près le Maine-de-Boixe *(Oxfordien)*.

— SEGETALIS *Thuill. par.* 367. *Rchb. exsic. n° 273. V. angustifolia. v. α. segetalis Gren. et God. fl. de fr. t. 1. p. 459. — P. C.* — Forêt de Tusson; moissons de la Poudreric.

Cette espèce, considérée d'abord comme variété par M. Desmoulins (*cat. Dord. ex. ac. soc. lin. Bord. t.* 11. *p.* 223), et qu'il a si bien caractérisée : *foliis linearibus, apice truncato, mucronulatis; leguminibus erectis (loc. cit.)* n'a pas dans nos échantillons les feuilles inférieures linéaires, ce qui confirme le doute émis par le savant auteur dans le mot *omnibus* suivi d'un point de doute (?).

Le *V. segetalis* adopté depuis comme espèce par M. Desmoulins (*supp. fin. p.* 45), se rapproche bien plus du *V. sativa* que du *V. angustifolia*, par son port, la forme et la grandeur de ses fruits.

— ANGUSTIFOLIA *Roth. tent. fl. germ. 1. p.* 310. *Desmoulins. cat. Dord. in act. soc. lin. de Bord. t.* XI. *p.* 222. *C.C.*

— Bois sablonneux de Basseau, la Poudreric.

La description que M. Desmoulins *(loc. cit.)* donne de cette plante, se rapporte très-bien aux échantillons Angoumiens, bien plus que la description de MM. Grenier et Godron (*fl. de fr.* 1. *p.* 459.)

Elle est, en effet, toujours couchée, faible, très-grèle, non dressée ; à légumes divergents à angle droit, non dressés.

— LATHYROIDES *L. sp.* 1037. *R.* — Sables des Lamberts; seule localité du département où nous connaissons cette espèce.

— PEREGRINA *L. sp.* 1038. *A R.* — Moissons des terrains sablonneux ; Basseau ; Saint-Michel.

— **LUTEA** *L. sp* 1037. *Giboin in quenot st. ch. p. 43.* C.C.
— Moissons de toute la partie calcaire du département,
moins commun cependant dans la formation jurassique.

— **NARBONENSIS** *L. sp.* 1038. *V. serratifolia Jacq. aust. app.
t. 8. R.* R.R.—Garenne d'Estrade, seule localité où nous
connaissons cette rare espèce.

— **SEPIUM** *L. sp.* 1038. C.C.C. — Bois de tout le département.

— **CASSUBICA** *L. sp.* 1035. *Orobus sylvaticus. Bast. Maine-et-
Loire. suppl. p. 7. R. R* — Bois de la Petite-Garenne ;
forêt de Basseau ; bois de Soyaux.

CRACCA MAJOR *Franken. specul. p. 11. ex. h. fl. lapp. p.
219. Vicia cracca* **L. sp.** 1035. *A. C.* — Champs de la
commune d'Anville ; bords de la Charente ; rare dans
les moissons.

— **TENUIFOLIA** *Gren. et God. fl. de fr. t. 1. p. 469. A. C.* —
Chaumes du Péré, commune d'Oradour-Chillé ; Nanteuil ; moissons de Verteuil (*Kellovien*).

— **MINOR** *Riv. tetr. irr. t. 53. f. 2. Ervum hursitum L. sp.*
1039. *A. C.* — Moissons et bois sablonneux ; Basseau ;
Fléac ; la Poudrerie.

ERVUM TETRASPERMUM *L. sp.* 1039. *A. C.* —Forêts de Tusson,
de Jarnac.

— **GRACILE** *D C. hort. monsp. p. 109 et fl. de fr. 5. p. 581*
P. C. — Moissons de Vesnat; Verdille; Sonneville; Chalonne, près la Poudrerie (*Angoumien*).

Var. α. **LEIOCARPON** *Gren. et God. fl. de fr. t. 1. p. 475.*
— Mélangé avec le type ; fruits glabres.

Ervilia sativa *Link. enum. hort berol. 2. p. 240. Ervum ervilia L. sp.* 1040. *Vicia ervilia Giborn in quenot. st. ch. p.* 43. P. C. — Moissons de Breuty ; Verdille ; Auge.

Lens esculenta *Mœnch. meth. p.* 131. *Ervum lens. L. sp.* 1039. — Cultivé dans le département et subspontané çà et là dans les moissons ; Ruelle, Magnac-sur-Touvre (*Kimmeridgien*) ; Grand-Champ (*Angoumien*).

Pisum sativum *L. sp.* 1026 — Cultivé et subspontané dans les moissons ; moissons du Grand-Lac (*Argiles réfractaires*).

Les échantillons à *fleurs blanches*, appartiennent bien à l'espèce cultivée ; ceux à étendart *bleuâtre* et à ailes d'un *violet pourpre*, les seuls que l'on rencontre dans les moissons, ne passent-ils pas à l'état spontané ?

— **arvense** *L. sp.* 1027. *C.* — Moissons de Ruffec ; Verteuil ; Aigre ; Soyaux.

Cette espèce que nous n'avons rencontrée que dans la formation jurassique ou les sables tertiaires, est trop répandue dans les moissons pour ne pas être considée comme réellement spontanée.

Lathyrus aphaca *L. sp.* 1029. *C. C.* — Toutes les moissons des terrains calcaires, plus particulièrement dans l'étage Angoumien.

— **hirsutus** *L. sp.* 1032. *A.C.* — Moissons de Vesnat ; Garde-Epée ; Châteauneuf ; Saint-Brice.

— **cicera** *L. sp.* 1030. — Cultivé surtout dans les cantons d'Aigre et de Ruffec ; subspontané dans les moissons.

Il remplace dans ces cantons le *Vicia sativa*, cultivé dans le pays-bas.

— SATIVUS *L. sp.* 1030. *Giboin in quenot st. ch. p. 43.* — Cultivé et subspontané dans les champs.

— LATIFOLIUS *L. sp.* 1033. *A.R.*— Bois des Bretonnières ; de la Poudrerie ; forêts de la Braconne, de Tusson *(Oxfor-dien. Portlandien)*, de Chardin *(Carentonien)*.

— MACRORHIZUS *Wimmer. fl. von. Schlesien. p.* 166. *C.C.C.* — Bois et forêts ; partout.

Var. 6. PYRENAICUS *D C. prod.* 2 *p.* 378. *A.C.* — Mélangé avec le type. Petite-Garenne ; Garde-Epée ; forêt de Jarnac.

Folioles ovales elliptiques.

— NIGER *Wimmer. fl. von. Schlesien. p.* 166. *Orobus niger L. sp.* 1028. *Giboin in quenot. st. ch. p.* 43. *A.R.* — Bois de la Petite-Garenne ; forêts de Jarnac, de Tusson.

— PRATENSIS *L. sp.* 1033. *C. C.*— Prairies ; bords des bois.

— ASPHODELOIDES *Gren. et God. fl. de fr.* 1. *p.* 488. *Orobus albus L. fil. supp. p.* 327. *C. C.* — Dans toutes les prairies du pays-bas *(Coniacien)* ; forêt de Tusson.

— ANGULATUS *L. sp. p.* 1031. *R. R.*— Moissons des environs de Lesterps ; ne s'est rencontré jusqu'ici, dans le département, que dans les terrains granitiques.

— SPHÆRICUS *Retz. obs.* 3. *p.* 39. — Plus commun que le précédent, quoique assez rare. Châtaigneraies de Vesnat *(Portlandien)* ; forêt de Ruffec *(Oxfordien)* ; les Bretonnières *(Angoumien)*.

Coronilla minima *L. sp.* 1048 *et mant.* 444.— Tous les coteaux calcaires qu'il couvre d'un tapis doré.

Notre espèce se rapproche de la variété *Genuina* (*Gren. et God. fl. de fr.* 1. *p.* 196); elle rentre alors dans le *Coronilla minima D C. fl. fr.* 14. *p.* 608. (*non D C. prod.*).

Les fleurs passent, par la dessication, à une couleur verte d'une grande intensité.

— varia *L. sp.* 1048. *A. C.* — Bois, décombres, haies, chaumes.

— scorpioides *Koch. deut. sch. fl.* 5. *p.* 201. *Ornithopus scorpioides L. A. C.* — Dolmen de Garde-Epée (*Sables tertiaires*); moissons d'Alloue (*Lias inférieur*); le Fouilloux (*Oxfordien*), moissons de l'Arche (*Angoumien*).

Ornithopus perpusillus *L. sp.* 1049. *A.C.* — Dolmen de Garde-Epée; moissons d'Alloue (*Sables tertiaires*); le Fouilloux.

— compressus *L. sp.* 1049. *P.C.* — Prairies des Lamberts; champs sablonneux du village de Chez-Grelet.

Hippocrepis comosa *L. sp.* 1050 *C.C.* — Chaumes de tous les coteaux calcaires, dont il forme le fond de la végétation avec le *Coronilla minima*.

Onobrychis sativa *Lam. fl. fr.* 2. *p.* 652. — Très-communément cultivé; se rencontre subspontané sur les vieux murs, les moissons, le bord des chemins.

XXXVII. CÆSALPINIEÆ (R. Brown.)

Cercis siliquastrum *L. sp.* 534. — Cet arbre se trouve natu-

ralisé dans la forêt des Pères, entre Saint-Michel et Nersac, sur la route de Châteauneuf.

XXXVIII. AMYGDALEÆ (Juss.)

Prunus domestica *L. sp.* 680. *Giboin in quenot st. ch.p.* 43.
A.C. — Haies; bois de la Poudrerie; haies des environs
d'Aigre.

Cultivé partout. Nous ne pouvons nous dispenser de le considérer comme bien spontané, vu son abondance dans nos haies
et nos bois calcaires.

Les fruits sont *ovales* et non pas *ronds,* ce qui caractériserait
l'espèce suivante :

— insititia *L. sp.* 680. *P.C.* — Bois de la Poudrerie ; Vesnat.

— fruticans *Weihe. bot. zeitg.* 9. *p.* 748. — Haies de Saint-
Yrieix.

Cette espèce tient, pour ainsi dire, le milieu entre les deux
précédentes ; elle se rapproche cependant d'avantage du *P. insititia.*

— spinosa *L. sp.* 681. *Giboin in quenot. st. ch. p.* 43 *C.C*
— Dans toutes les haies.

— avium *L. sp. Giboin in quenot. st. ch. p.* 43. *R.* —
Petite-Garenne ; bois du Château-du-Diable ; forêt de
Ruffec.

— cerasus *L. sp.* 679. *Giboin in quenot. st. ch. p.* 13. *R.*

R.R. — Chemin de l'Hirondelle. — Rochers au bas des
remparts d'Angoulême.

Cette espèce est probablement le type de l'espèce cultivée ,
connue sous le nom de *cerise de Montmorency.*

MAHALEB *L. sp.* 678. — Toutes les haies, les bois; excessivement rare dans la Charente-Inférieure.

Cette espèce abonde dans notre département et forme le fond
de tous les buissons et les haies qui bordent les chemins ; on rencontre çà et là des pieds isolés, qui sont d'une grosseur et d'une
hauteur remarquables.

XXXIX. ROSACEÆ. (Juss.)

SPIRÆA FILIPENDULA *L. sp.* 702. *Giboin in quenot. st. ch.* **p.**
43. *C. C. C.* — Petite-Garenne ; tous les talus du chemin
de fer de Paris à Angoulême, et les champs qui les avoisinent depuis Angoulême jusqu'à Ruffec.

— ULMARIA *L. sp.* 702. *Giboin in quenot. st. ch. p.* 43. *C.*
C. C. — Bords des eaux ; fossés ; prairies humides.

— HYPERICIFOLIA *L. sp.* 701. *C. C.* — Chaumes de l'Arche ;
de la Petite-Tourette; de Vœuil; la Couronne (*Angoumien.*
Carentonien) ; forêt de la Braconne , près la Grande-
Fosse (*Portlandien*).

GEUM URBANUM *L. sp.* 716. *Giboin in quenot. st. ch. p.* 43.
A. C. — Haies, buissons; Saint-Marc ; les Planes.

POTENTILLA FRAGARIASTRUM *Ehrh. herb.* 146. *A. C.* — Forêt

de Ruffec ; bois de Vergnes, près Luxé ; forêt de Basseau.

— **splendens** *Ramond in D C. fl. fr. 4. p.* 467. *P. vaillantii Nestl. pot.* 75. *A. C.* — Petite-Garenne ; Basseau ; forêts de Ruffec, de Tusson ; environs de Barbezieux.

— **verna** *L. sp.* 712. *C. C. C.* — Coteaux arides , pelouses , bords des chemins.

— **tormentilla** *Nestl. pot.* 65. *Tormentilla erecta L. sp.* 716. *A. C.* — Prairies de Ruffec ; marais de Breuty ; fontaine de Fréyères.

L'espèce que nous mentionnons ici, sous le nom de *P. tormentilla Nestl.*, se rapporte identiquement à la diagnose que MM. Grenier et Godron (*fl. fr. 2. p.* 530), donnent de cette plante.

Plusieurs Botanistes, et notamment M. Borau (*fl. du Cent. éd. 1. p.* 132), ont considéré comme variété de l'ancien *Tormentilla erecta Lin.* sous le nom de *var. nemoralis*, la plante qui porte les noms de : *P. procumbens Sibthorp ; P. mixta Guep; P. Nemoralis Nestl; Tormentilla erecta, ɛ. nemoralis Boreau* (*loc. cit*).

Cette variété se trouve aujourd'hui divisée en deux espèces : les *P. mixta Nolt. ap. Rchb.* et *P. procumbens Sibthorp. oxon.* espèces admises par MM. Grenier et Godron (*fl. fr. 1. p.* 531). Les sujets de comparaison nous manquent pour décider si les deux espèces tirées de la variété ɛ. *nemoralis* existent dans la Charente.

Nous possédons deux formes essentiellement distinctes : l'une particulière aux marais, l'autre commune dans les bois secs et les landes. Cette dernière a les tiges grêles, couchées, longues, un peu redressées au sommet.

Elle se rapproche du *P. procumbens Sibth.*; mais il n'y a aucune apparence de propagation par articulations enracinées *après l'anthèse*, indiquées par MM. Koch, Grenier et Godron.

De plus, cette forme produit des carpelles *toujours lisses.*

Ce caractère, d'après M. Desmoulins (*cat. Dord. supp. p.* 132) n'est pas constant dans le genre *Potentilla.* « Je trouve, dit le savant auteur, (*loc. cit.*), sur un échantillon de *T. erecta*, des carpelles qui paraissent au même degré de maturité, et dont les uns sont manifestement rugueux, tandis que les autres sont lisses. »

Nous avouons que, malgré nos recherches sur de nombreux échantillons et à différentes époques de maturité, nous n'avons rencontré que des carpelles lisses, sans aucune apparence de rugosité.

Nous avons dit que nos échantillons ne présentent aucune trace de propagation par articulations enracinées. M. Desmoulins (*loc. cit.*) s'exprime ainsi, relativement à cet état : « Supposons qu'à l'instant de la récolte, l'automne n'a pas commencé ou que le terrain ne favorise pas l'allongement des tiges, leur propriété radicante NE SE MONTRE PAS. »

Nous faisons ici la même observation que pour les carpelles. Nous avons cueilli la plante de nos landes à différentes époques et toujours nous avons vu qu'elles qu'aient été les conditions dans lesquelles elle s'est trouvée, les tiges longues, flagelliformes, appliquées sur le terrain et sans trace de racines aux articulations.

Ces observations concordent avec ce que dit M. Guepin (3e éd. p. 364) : que sa plante n'est pas le *P. procumbens,* vu que celle-ci est radicante après l'anthèse, et que ses carpelles sont rugueux.

Le caractère tiré des racines, dans nos deux formes, se rapproche, il est vrai, de ceux indiqués par M. Desmoulins (*loc. cit*).

La forme des landes a une racine grêle, pivotante ; tandis que les échantillons provenant des lieux humides présentent une souche épaise, courte, tronquée, rougeâtre intérieurement.

Malgré les observations précises que nous avons pu faire, nous n'osons nous prononcer encore d'une manière positive à savoir : si nous possédons, dans la Charente, les deux espèces précitées ou si nous ne devons les considérer que comme une même espèce, présentant un facies différent, suivant les localités où elle croît.

Nous espérons que les études que nous poursuivons sur ce sujet nous permettrons de nous prononcer. Jusque là , nous ne mentionnons notre forme des lieux secs, que sous le nom de *P. tormentilla. var. nemoralis.*

Var. 6. NEMORALIS *C.* — Landes de Soyaux ; Petite-Garenne ; chaumes de La Tourette.

— REPTANS *L. sp.* 714. *C. C.* — Champs, moissons, lieux argileux.

— ANSERINA *L. sp.* 710. *Giboin in quenot. st. ch. p.* 43. *C. C. C.* — Bords des chemins humides.

Cette espèce fleurit rarement dans nos contrées ; il est à remarquer que les segments des feuilles radicales diminuent in-

sensiblement de longueur du sommet à la base où ils ne sont
que rudimentaires.

— ARGENTEA *L. sp.* 742. *Giboin in quenot st. ch. p.* 43. *A.
R.* — Forêt de la Braconne; dans les chemins découverts
et battus.

FRAGARIA VESCA *L. sp.* 709. *Giboin in quenot. st. ch. p.* 43.
C. C. — Dans tous les bois.

— COLLINA *Ehrh. beitr.* 7. *p.* 26. *R.* — Forêt de Jarnac;
Bréville (*Purbeckien*); forêt de Ruffec (*Oxfordien*).

RUBUS CÆSIUS *L. fl. suec. éd.* 2. *p.* 172. *C. C.* (*type*). —
Champs, bords des eaux, lieux humides, endroits arides
et rocailleux.

   Var. α. UMBROSUS *Wallr. sched.* 220. *R. cœsius α. aquaticus Weih. et Nees. rub. germ. p.* 105. *C.* — Bords des
   eaux; îles de Roffit; les Gours; St-Marc.

   Var. 6. AGRESTIS *Weih. et Nees. l. c. p.* 106. *C. C.* —
   Champs, moissons; Syllac; les Halliers; Rabion.

   Var. δ. FEROX (*Nobis*) *R. ferox Vest. in Tratt. monog. ro-
   sac.* 3. *p.* 40. *A. R.* — Champs et moissons des Argentiers.

— GLANDULOSUS *Bellard. app. fl. pedem.* 24. *R. R.* — Saint-
Marc; Hurtebise; dans les haies et sur les rochers (*Angoumien*).

— HIRTUS *Weih. et Nees. rub. germ. p.* 95. *tab.* 43. *R. R. R.*
   — Cette espèce, que nous n'avons rencontrée que dans une
   portion de la forêt de Brillac, arrondissement de Confolens,
   paraît particulière aux terrains granitiques.

— TOMENTOSUS *Borckh. in Rœmers neu. bot. mag. st.* 1. *R.*

R. — Chemins arides de Gigel ; Pierre-Dure (*Angoumien*).

Les carpelles avortent le plus souvent ; il est rare d'en rencontrer 4-5 sur le même réceptacle.

— DISCOLOR *Weih. et Nees. rub. germ. p.* 46. *tab.* 20. *C.* —
Haies et bords des chemins ; partout.

— THYRSOIDEUS *Wimm. fl. von Schles. p.* 131. *R.* — Bois des
Lamberts (*Sables tertiaires*) ; bois de l'Epineuil (*Portlandien*).

— FRUTICOSUS *L. fl. suec. éd.* 2. *p.* 172. *C. C. C.* — Chemins,
haies, bois.

Var. δ. PROSTRATUS *Bor. fl. du Cent. éd.* 1. *p.* 127. *A.
C.* — Bois-du-Four ; forêts de Jarnac, de Tusson.

Var. δ. POMPONIUS *D C. prodr.* 11. *p.* 561. *n°* 42. *Rubus fruticosus grandiflorus Laterrade. fl. Bord.* 3ᵉ *éd. p.* 277.
Desmoulins. cat. Dord. in act. soc. lin. de Bord. p.
227. *t. XI.*

Cette rare et belle variété se rencontre sur les rochers, situés
au bas du rempart de Beaulieu, près l'ancienne porte Saint-
Pierre, à Angoulême. Le nom donné par Decandolle doit pré-
valoir comme l'observe M. Desmoulins (*loc. cit*), ce nom
caractérisant parfaitement la forme de ces fleurs (*doubles*).

Rosa PIMPINELLIFOLIA *Ser. in D C. prod.* 2. *p.* 608. *A. R.* —
Bois de la Petite-Garenne ; coteaux arides de la Petite-
Tourette ; croît en grande quantité dans les lieux où il se
rencontre.

— ARVENSIS *Huds. angl. éd. p.* 219. *P. C.* — Bois des Lamberts ; forêt de Basseau.

Var. α. GENUINA *Gren. et God. fl. de fr.* 1. *p.* 555. *Rosa repens Reyn. mem. Laus.* 1. *p.* 69. P. C. — Bois-du-Four, commune de Barbezières (*Kimmeridgien*).

— SEMPERVIRENS *L. sp.* 704. *R. R.* — Forêts de Jarnac, Ste-Sévère ; parc de Cognac (*Coniacien*).

Il est à remarquer que cette espèce, très-rare dans la Charente, abonde dans l'île d'Oleron (Charente-Inférieure) ; elle est pour ainsi dire la seule espèce du genre *Rosa* que l'on y rencontre.

CANINA *var.* α. GENUINA *R. nitens Desv. jour.* 1813. *p.* 111. *C. C.* — Dans toutes les haies.

Var. δ. DUMETORUM *R. collina D C. fl. fr.* 4. *p.* 441. *A. C.* — Verdille ; forêt de Jarnac ; Anville.

Var. ε. STIPULARIS *Boreau fl. du Cent. éd.* 1. *p.* 138. 11. *A. R.* —Fontaine des Mortiers, commune d'Anville.

Se distingue par ses stipules très-dilatés, presqu'aussi larges que les folioles.

— ANDEGAVENSIS *Desv. Jour.* 1813. *p.* 115. *R. canina var.* γ. *hirtella Gren. et God. fl. de fr.* 1. *p.* 558. *P. C.* — Fontaine des Mortiers, commune d'Anville; Sonneville, dans les haies.

— DUMETORUM *Thuill. fl. par.* 250 *R. R.* — Bords de la forêt de Jarnac, entre Bréville et Sainte-Sévère (*Kimmeridgien*).

— FOETIDA *Bast. suppl.* 29. *R. R. R.* — Route de Sainte-Sévère à Réparsac ; La Vallade (*Purbeck*).

— TOMENTOSA *Smith. brit.* 2. *p.* 539. *A. C.* — Eglise d'Oradour-Chillé ; Nercillac ; Garde-Epée.

— **rubiginosa** *L. mant.* 364. *ic. Red. ros.* 1. *p.* 93. 2. *p.* 23. 3. *p.* 95. — Haies ; buissons ; partout.

— **sepium** *Thuill. par.* 250. *D C. fl. fr.* 5. *p.* 538. *R. rubiginosa var.* 6. *Sepium Gren. et God. fl. de fr. t.* 1. *p.* 560. *C. C.*

Cette espèce, que M. Koch fait rentrer dans le *R. canina*, nous paraît s'éloigner autant de cette espèce que du *Rubiginosa*, dont MM. Grenier et Godron ne font qu'une variété.

Elle se distingue par ses fleurs en *corymbes ;* ses fruits *plus gros* et *plus longuement pédonculés ;* par ses *aiguillons robustes ;* ses feuilles *ovales elliptiques, glabres sur la face supérieure, plus profondément dentées, à dents mucronées.*

Agrimonia eupatoria *L. sp.* 643. *Giboin in quenot. st. ch. p.* 43. *C. C. C.* — Chemins, bords des bois, haies , décombres.

Poterium dictyocarpum *Spach. riv. gen. pot. ann. sc. nat.* 1846. *p.* 34. *P. C.* — Bois , champs incultes ; Forêt-des-Pères (*Angoumien*).

— **muricatum** *Spach. riv. pot. an. sc nat.* 1846. *p.* 36. *Poterium sanguisorba L. (ex par.) et Giboin in quenot. st. ch. p.* 43. — Plus commun que le précédent ; mêmes lieux, et presque dans toutes les prairies artificielles.

Sanguisorba officinalis *L. sp.* 169. *D C. fl. fr.* 4. *p.* 449. *Giboin in quenot. st. ch. p.* 43. *P. C.* — Marais de Breuty, prairies humides ; bords de la Charente ; Bois-beaudreau ; marécages de l'Houme.

Les échantillons des bords de la Charente acquièrent de fortes dimensions, ils s'élèvent jusqu'à 2 et 3 mètres et sont bien plus robustes dans toutes leurs parties que les échantillons des autres localités.

ALCHEMILLA ARVENSIS *Scop. carn.* 1. *p.* 115. *Alchemilla vulgaris Giboin in quenot. st. ch. p.* 43. *A. C.* — Moissons sablonneuses ; le Fouilloux, près Larochefoucauld ; Ruffec ; Confolens ; dans tous les terrains.

XL. POMACEÆ (Bartl).

MESPILUS GERMANICA *L. sp.* 684. *Giboin in quenot. st. ch. p.* 42. *P. C.* — Garde-Epée, commune de Saint-Brice (*Sables tertiaires*) ; haies des Lamberts (*id*).

Très-épineux et tout-à-fait spontané.

CRATÆGUS OXYACANTHA *L. sp.* 683. *Mespilus oxyacantha Giboin in quenot. st. ch. p.* 42. *A. C.* — Ranville (*Kimmeridgien*) ; Cognac (*Coniacien*) ; Sonneville.

— **MONOGYNA** *Jacq. aust. t.* 292. *f.* 1. *C. C.* — Les haies, les bois ; partout.

Ces deux espèces, dont la légitimité est aujourd'hui reconnue, ont, à première vue, un aspect tout-à-fait différent. Examinés de près, ils offrent quelques points de ressemblance qui ont contribué à les faire considérer longtemps comme une même espèce. M. Desmoulins (*cat. Dord. supp.* 2e. *fascicule. p.* 138. *ann.* 1849) nous apprend que la découverte d'un caractère important est due à M Moretti. Ce caractère est tiré de la nervation des feuilles.

Nous avons alors *C. oxyacantha L.* à nervures convergentes (*convexité regardant la base de la feuille*).

C. monogyna Jacq. à nervures divergentes (*convexité, tournée vers le sommet de la feuille*).

CYDONIA VULGARIS *Pers. syn.* 2. *p.* 40. *C. C.* — Haies et bois, près La Vallette (*Coniacien*); Crotet, commune d'Auge.

Cet arbre qui constitue à lui seul toutes les haies des environs de La Vallette, est tout au moins subspontané dans ces localités; ses rameaux sont fortement épineux.

PYRUS COMMUNIS *L. sp.* 686. *Giboin in quenot. st. ch. p.* 42. *A. C.* — Chemins des Argentiers, des Lamberts, Verdille.

Var. α. ACHRAS (*Wallhr. sched.* 213). — Moins commun que le type; Verdille.

— MALUS *L. sp.* 68. *Malus communis. Giboin in quenot. st. ch. C.* — Haies, bois; Vesnat; la Poudrerie; Estrade; Verdille.

— ACERBA *D C. prod.* 2. *p.* 635. *A. R.* — Estrade, commune de Verdille.

SORBUS DOMESTICA *L. sp.* 684. *P. C.* — Bois de la Poudrerie, de Puymoyen; Bois-Menu.

Il est bien réellement spontané.

— ARIA *Crantz. aust. f.* 2. *p.* 46. *R. R.* — Bois de Pierre-Dure, près Puymoyen.

— TORMINALIS *Crantz. aust.* 85. *Cratœgus torminalis. L. sp.* 681. *et Giboin in quenot st. ch. p.* 43. *A. C.* — Bois de Pierre-Dure; forêts de Basseau, de Ruffec; Breuty; environs de Cognac.

XLII. ONAGRARIÆ (D C.)

Epilobium tetragonum *L. sp.* 494. *C. C.* — Fossés, bords des ruisseaux ; prairies de Vesnat; les Marmouniers ; bords de la Charente.

— roseum *Schreb. spic. fl. lips.* 147. *R.* — Environs de Ruffec, bords du Lien (*Oxfordien*).

— montanum *L. sp.* 494. *Giboin in quenot st. ch. p.* 42. *R. R.* — Bois humides ; les bords de l'Issoire, près Saint-Germain (*Schistes cristallins*).

— parviflorum *Schreb. spic. p.* 146. *C. C. C.* — Bords des fossés ; partout.

— hirsutum *L. sp.* 494. *C. C.* mais moins que le précédent. — Bords des eaux, bords de la Charente, de l'Antenne, la Soloire; allées marécageuses de la forêt de Jarnac.

OEnothera biennis *L. sp.* 492. *Giboin in quenot. st. ch. p.* 42. *R. R.* — Bords d'un fossé, décombres, près Saint-Marc.

Complètement naturalisé en cet endroit, où il se perpétue depuis longtemps.

Isnardia palustris *L. sp.* 175. *A. R.* — Bords de la grande-fosse située au milieu de la prairie de Vesnat, et tous les fossés qui bordent la Charente.

Circæa lutetiana *L. sp.* 12. *R. R. R.* — Bords d'un fossé, près Alloue (*Lias inférieur*) ; bois près Saint-Germain (*Schistes cristallins.*)

Par un hasard que l'on ne peut expliquer, cette espèce que nous n'avions rencontrée jusqu'ici que dans les terrains granitiques, croît depuis plusieurs années, dans une cour d'une maison d'Angoulême, où elle n'a jamais été ni plantée ni semée. Cet habitat est d'autant plus étonnant, que le *Circea* ne croît dans aucune localité des environs d'Angoulême.

XLIII. HALORAGEÆ (R. Brown.)

MYRIOPHYLLUM VERTICILLATUM *L. sp.* 1410. *Giboin in quenot. st. ch. p.* 42. *C. C.* — Fossés des bords de la Charente ; tourbières de Saint-Marc, Hurtebise.

Var. γ. PECTINATUM *Wallr. Sched* 489. *M. pectinatum D C. fl. fr.* 5. *p.* 529. — Mêmes localités que le type, mais moins commun.

Ne se rencontre que dans les lieux où l'eau est très-peu profonde ; il croît presque tout entier hors de l'eau.

— SPICATUM *L. sp.* 1409. *A. R.* — Cours d'eau entre la Charente et Merpins ; fossés près Saint-Cybard ; fossés de Loup-Mellé (LECLER).

XLIV. HYPPURIDEÆ (Link.)

HIPPURIS VULGARIS *L. sp.* 6. *R. R.* — Ruisseau de l'Houme, près Longré (*Kimmeridgien*).

XLV.　CALLITRICHINEÆ (Link.)

CALLITRICHE STAGNALIS *Scop. Carn.* 2. *p.* 251. *C.C.* — Fossés et petites rivières.

— PLATYCARPA *Kützing. Linnæa. t.* 7. *p.* 181. *C.* Mais moins que le précédent. — Mêmes localités.

On rencontre une forme terrestre sur les bords des fossés et dans les chemins desséchés où l'eau séjourne ordinairement. Cette forme qui a été érigée au rang d'espèce, sous le nom de *C. minima* (*Hoff*) *C. cæspitosa* (*Schultz*), se rapporte au *C. stagnalis*, aussi bien qu'au *C. platycarpa*, et probablement aussi aux autres espèces du même genre; elle n'est due qu'aux influences auxquelles elle est soumise.

Nous la désignerons sous le nom de *var. terrestris.*

Var. TERRESTRIS (*Nobis*) *P. C.* — Chemin des Argentiers ; Chemin de la prairie de Vesnat.

XLVI.　CERATOPHYLLEÆ (Gray.)

CERATOPHYLLUM SUBMERSUM *L. sp.* 109. *R. R. R.* — Fossés près le pont de Sainte-Sévère; mare des Pendants, près Serres (*Sables tertiaires et argiles réfractaires*).

XLVII.　LYTHRARIEÆ (Juss.)

LYTHRUM SALICARIA *L. sp.* 640. *C. C. C.* — Bords des eaux, prairies ; partout.

On rencontre souvent une variation à feuilles verticillées par trois ; c'est la sous-variété *verticillata* de MM. Cosson et Germain (*fl. des environs de Paris. p.* 151).

Le feuillage des *Lythrum salicaria* varie considérablement, suivant les influences auxquelles la plante est soumise.

Pour n'en citer qu'un exemple, nous dirons que les échantillons que nous avons recueillis lors de la session extraordinaire de la société Botanique à Bordeaux (août 1859), dans les lèdes du cap Ferret, et sur les bords de la Garonne, près Lormont (*Echantillons soumis à l'influence de la mer*) présentent un aspect tout différent du facies ordinaire à cette espèce. Les feuilles sont glauques, luisantes et linéaires elliptiques, très-allongées, de 5 millimètres de large sur 70 à 80 millimètres de long.

— HYSSOPIFOLIA *L. sp.* 642. *A. R.* — Allées marécageuses de la forêt de Jarnac, près Bréville (*Purbeckien*); bords des fossés de la prairie de Vesnat, où elle est petite, couchée, quelquefois radicante à la base.

PEPLIS PORTULA *L sp.* 474 *Giboin in quenot. st. ch. p.* 42. *R. R.* — Marécages de la forêt de Basseau: marais de Breuty ; Saint-Michel.

L. CUCURBITACEÆ. (Juss.)

BRYONIA DIOICA *Jacq. aust. p.* 59. *tab.* 199. *Giboin in quenot st. ch. p.* 44. *C.C.* — Haies, buissons ; tout le terrain calcaire.

Nous ne l'avons pas rencontré dans le terrain granitique.

LI. PORTULACEÆ (Juss.)

PORTULACA OLERACEA *L. sp.* 638. *A.C.* — Champs sablonneux ; les Planes ; Bardines ; chemin des Argentiers.

MONTIA MINOR *Gmel. bad.* 1. *p.* 301. *M. aquatica minor Micheli. gen. p.* 18. *tab.* 13. *f.* 2. *R.R.* — Champs sablonneux, près le Dolmen de Garde-Epée.

— RIVULARIS *Gmel. bad.* 1. *p.* 302. *M. aquatica major Micheli gen. p.* 118. *t.* 13. *f.* 1. *P.C.* — Ruisseaux des environs de Brillac.

Exclusive aux terrains granitiques.

LII. PARONYCHIEÆ (St-Hil.)

POLYCARPON TETRAPHYLLUM *L. fil. supp.* 116. *A.R.* — Vesnat, châtaigneraies ; jardins sablonneux de St-Cybard, près Angoulême.

Nous avons recueilli dans les sables arides des moissons des Pendants, près Serres, une forme remarquable de cette plante. M. Grenier l'a rapportée au *P. tetraphyllum* d'après un échantillon que nous lui avons adressé.

Cette forme a l'aspect d'un *Sedum ;* tiges de 45 à 50 millimètres, jamais plus ; feuilles étroites, charnues, subsessiles : fleurs sessiles, agglomérées en capitules au sommet des rameaux, ceux-ci raides, dressés ; fleurs roses.

ILLECEBRUM VERTICILLATUM *L. sp.* 298. *R.R.* — Rochers granitiques de St-Germain , près Confolens ; endroits excessivement arides des coteaux de Confolens.

HERNIARIA GLABRA *L. sp.* 317. *A.C.*— Moissons sablonneuses ; champs arides de Syllac ; Vesnat (*Carentonien et Portlandien*).

— **HIRSUTA** *L. sp.* 317. *C.* — Les Planes ; Vesnat ; Agris ; Larochefoucauld ; plus commun que l'*H. glabra*.

CORRIGIOLA LITTORALIS *L. sp.* 388. *P.C.*—Moissons du Fouilloux, près Larochefoucauld (*Oxfordien*) ; Allouc (*Lias inférieur*) ; St-Germain (*Schistes cristallins*) ; environs de Châteauneuf (*Carentonien*).

SCLERATHUS ANNUUS *L. sp.* 580. *C.C.* — Toutes les moissons sablonneuses ; Poudrerie ; Basseau ; tout le canton de Confolens ; Garde-Epée.

LIII. CRASSULACEÆ (D C.)

SEDUM TELEPHIUM *L. sp.* 618. *S. purpurascens Koch. syn.* 284. *ic. Fuchs. hist.* 800. *R.* — Bords des bois du Cimarre ; bois du Vergné, près Luxé ; forêts de Ruffec, de Tusson ; Trésor de Nanteuil.

— **FABARIA** *Koch. syn. éd.* 258, *et éd.* 2 *p.* 284. — Plus commun que le précédent ; vignes de Rabion ; l'Oisellerie ; Châteauneuf.

— **CEPÆA** *L. sp.* 617. *C.C.* — Forêts de Basseau , de la Braconne ; Baignes ; Chantillac ; tout l'arrondissement de Confolens.

— **rubens** *L. sp.* 619. *Crassula rubens Giboin in quenot st. ch. p.* 42. *C.C.* — Vieux murs, vignes ; Garde-Epée ; moissons de Basseau ; St-Marc ; les Planes.

— **album** *L. sp.* 619. *Giboin in quenot st. ch. p.* 42. *C.C.* — Chaumes rocailleuses, lieux arides.

— **acre** *L. sp.* 619. *Giboin in quenot st. ch. p.* 42.*C.C.C.*— Partout.

— **reflexum** *L. sp.* 618. *Giboin in quenot st. ch. p.* 42. *C.C.C.* — Lieux arides, champs sablonneux.

— **anopetalum** *D C. rapp.* 2. *p.* 80, *et fl. fr.* 5. *p.* 526. *C.C.* — Tous les cotaux calcaires du département. Roches granitiques de St-Germain-sur-Vienne et de Confolens, où il est moins commun que sur le calcaire.

Cette espèce qui, selon M. Planchon (*note sur la végétation spéciale des Dolomies dans le département du Gard, Bull. soc. bot. fr. t.* 1. *p.* 218), serait caractéristique des terrains dolomitiques, par une contradiction singulière, ne croît dans la Charente que dans les terrains qui ne renferment aucune trace de magnésie. Les localités où dominent les calcaires dolomitiques, telle qu'Alloue, par exemple, ne produisent pas même un seul pied du *Sedum* en question.

Sempervivum tectorum *L sp.* 664. *Giboin in quenot st. ch. p.* 42. *A.C.* — Sur les vieux murs de Roffit ; chemin de Vesnat à St-Yrieix ; Ste-Sévère.

Umbilicus pendulinus *D C. pl. gr. tab.* 156. *et fl. fr.* 4. *p.* 382. *R.R.* — Vieux murs à Cognac ; Verteuil ; rochers granitiques de St-Germain-sur-Vienne.

LVI. GROSSULARIEÆ (D C.)

RIBES UVA CRISPA *L. sp.* 292. *Giboin in quenot st. ch. p.* 42.
R R. — Haies de l'Anguienne *C.C.*, dans les marais de
La Vallette ; Blanzaguet ; coteaux boisés de Malberchie.

Cette espèce est peu cultivée dans le département, et doit
être considérée comme tout-à-fait spontanée.

— RUBRUM *L. sp.* 290. *Giboin in quenot st. ch. p.* 42. *R.R.*
— Lieux humides près Anville ; îles de Malvy sur la Charente, près Châteauneuf.

LVII. SAXIFRAGEÆ (Juss.)

SAXIFRAGA GRANULATA *L. sp.* 575. *Giboin in quenot st. ch.
p.* 42. *R.R.* — Bois de Condac, près Ruffec (*Oxfordien*);
prairie de Taizé-Aizie (*Grande Oolithe*).

— TRIDACTYLITES *L. sp.* 578. *C.C.* — Murs, bords des chemins, champs sablonneux ; partout.

LVIII. OMBELLIFERÆ (Juss.)

DAUCUS CAROTA *L. sp.* 348. *Giboin in quenot st. ch. p.* 49.
C.C. — Champs, prairies, bois ; partout.

ORLAYA GRANDIFLORA *Hoffm. umb.* 1. *p.* 58. *P.C.* — Lupsault ; Verdille : les Marmouniers, commune de Bréville

(*Purbeckien. Portlandien*); Anville; Sonneville; chemin
du Cimarre à la Grange-Labbé (*Portlandien*).

TURGENIA LATIFOLIA *Hoffm. umb.* 59. *C.* — Moissons de Barbezieux ; Anville; Sonneville; Puymoyen ; Giget (*Carentonien*).

CAUCALIS DAUCOIDES *L. sp.* 346. *C.C.* — Partout.

TORILIS ANTHRISCUS *Gmel. fl. bad.* 1. *p.* 615. *C.C.C.* — Haies,
décombres, buissons.

— HELVETICA *Gmel. fl. bad.* 1 *p.* 617. *C.C.* — Moissons de
la Poudrerie; Vesnat (*Portlandien*): Cognac (*Coniacien*).

— NODOSA *Gœrtn. fruct.* 1. *p.* 82. *tab.* 30 *f.* 6. — Moins
commun que les deux espèces précédentes. — Bords des
chemins, lieux arides , buissons; les Bretonnières (*Angoumien*); l'Arche, terrains en friche.

BIFORA TESTICULATA *D C. prod.* 4. *p.* 249. *A. R.* — Moissons
de Beauregard ; les Bretonnières; Mortiers; Luxé ; Fontenille; St-Germain , mais très-rare dans cette localité
granitique.

LASERPITIUM LATIFOLIUM *L. sp.* 356. *A. R.* — Bois de la Petite-Garenne, près Angoulême.

ANGELICA SYLVESTRIS *L. sp.* 361. *C.* — Prairies, bords des
chemins humides ; Hurtebise; St-Marc et Giget.

PEUCEDANUM CERVARIA *Lam. abr. pyr.* 149. *A. R.* — Chaumes du Péré, commune d'Oradour-Chillé ; Auge ; Verdille; les Gours ; Lupsault (*Portlandien*).

PASTINACA SATIVA *L. sp.* 376. *Giboin in quenot st. ch. p.* 40.
C.C. — Prairies, champs ; partout.

Heracleum sphondylium *L. sp.* 358. *Giboin in quenot st. ch. p.* 40. *A.C.* — Prairie d'Anville ; Aigre (*Oxfordien*); R. près Angoulême ; forêt de Basseau.

Tordylium maximum *L. sp.* 345. *P.C.* — Cognac, bords des chemins ; Vesnat; le Cimarre.

Silaus pratensis *Besser. in Rom. et Schultz. sept.* 6. *p.* 36. *C.C.C.* — Prairies humides et tourbeuses ; Vesnat ; St-Cybard ; Boisbeaudreau ; Lupsault.

On le rencontre quelquefois dans les lieux secs, contrairement à sa station habituelle.

Seseli montanum *L. sp.* 372. *A. C.* — Le Gravier, près Lupsault ; bords des chemins ; St-Yrieix ; Vesnat ; Rouillac (*Portlandien*).

— **libanotis** *Koch. umb. p.* 111. *et Deutsch. fl.* 2. *p.* 411. *Athamantha libanotis L. sp.* 351. *A.R.* — Bois de la Petite-Garenne (*Angoumien*) ; coteaux sur la route de Rouillac, près l'Epineuil (*Portlandien*) ; pelouses de la forêt de Basseau; Lupsault ; les Gours.

Fæniculum vulgare *Gœrtn. fruct.* 1. *p.* 105. *t.* 23. *P.C.* — Environs de Vars (*Oxfordien*); Balzac ; Chalonnes (*Portlandien*); Cognac (*Coniacien*).

Æthusa cynapium *L. sp.* 367. *R.* — Anville; Cognac; Vesnat; le long des habitations.

Ænanthe lachenalii *Gmel. bord.* 1. *p.* 678. *P.C.* — Marais de Longré, et tout le cours de l'Houme.

— **peucedanifolia** *Poll. palat.* 1. 289. *fig.* 3. *R.R.* — Prairies de Basseau et des bords de la Charente.

— FISTULOSA *L. sp.* 365. *A.C.* — Prairie de Vesnat, tous les fossés qui la bordent.

— PHELLANDRIUM *Lam. fl. fr.* 3. *p.* 432. *A.C.* — Prairie de Vesnat; pont de Ste-Sévère; Luxé; Villognon; Merpin; Cognac.

La tige de cette espèce, lorsqu'elle est entièrement submergée, acquiert une dimension considérable. Il n'est pas rare d'en rencontrer des pieds dont la tige, dans une hauteur d'un mètre, présente un diamètre de 70 à 80 millimètres. Cette tige offre l'aspect d'une massue.

Elle est souvent broutée par les bestiaux (bœufs et chevaux) qui viennent pacager dans les lieux qu'elle habite.

BUPLEURUM ROTUNDIFOLIUM *L. sp.* 340 *A.C.* — Moissons de Cognac; Verdille; Sonneville; les Gours; Chantillac; Basseau; Châteauneuf.

— PROTRACTUM *Linck et Hoffmgg. fl. portug.* 2. *p.* 387. *C.* — Croît en société avec le précédent.

Les moissons sont souvent littéralement remplies de ces deux espèces, le *B. protractum* cependant y domine.

— TENUISSIMUM *L. sp.* 343. *R.R.* — Chemins battus et pelouses de la Petite-Garenne, seule localité où nous connaissions cette espèce dans le département.

— ARISTATUM *Bartling in Rchb. icon.* 2. *p.* 70. *tab* 178. *C.C.C.* — Garde-Epée; coteaux qui bordent la route de Cognac à Jarnac; chaumes de l'Arche; les Jésuites.

On rencontre une forme de 2, rarement 3 centimètres; rougeâtre, simple, très-rigide; sur les rochers des chaumes de Crages.

8

— **FALCATUM** *L. sp.* 341. *A.C.* — Bords des chemins arides, bois découverts; Rabion; Basseau; coteaux de Ruelle (*Portlandien*).

BERULA ANGUSTIFOLIA *Koch. Deutsch. fl. 2. p.* 433. *A.C.* — Marais de Breuty; fossés de la forêt de Vesnat, en face de Chalonnes.

PIMPINELLA SAXIFRAGA *L. sp.* 378. *Giboin in quenot st. ch. p.* 40. *C.C.* — Chaumes, chemins arides; tout le calcaire.

BUNIUM VERTICILLATUM *Gren. et God. fl. de fr. t.* 1. *p.* 729. *Carum verticillatum Koch. umb. p.* 122. *A.R.* — Landes entre Alloue et St-Germain; moissons des terrains granitiques; Touvérac; Barbezieux (*Campanien*).

AMMI MAJUS *L. sp.* 349. *C.C.* — Syllac; St-Yrieix; Vesnat; Rouillac (**LECLER**).

SISON AMOMUM *L. sp.* 362. *A. C.* — Chemin de Loup-Mellé; Bretonnières; bois de l'Epineuil (*Portlandien*).

FALCARIA RIVINI *Host. aust.* 1. *p.* 381. *D C. prod.* 4. *p.* 110. *P.C.* — Moissons de Syllac (*Angoumien*); Cognac (*Coniacien*); Anville (*Portlandien*).

HELOSCIADIUM NODIFLORUM *Koch. umb. p.* 126. *A.C.* — Bords des eaux; fossés de Roffit; Vesnat; Saint-Marc; Hurtebise.

TRINIA VULGARIS *D C. prod.* 4. *p.* 103. *Pimpinella dioica L. syst. éd.* 13. *p.* 241. *Giboin in quenot st. ch. p.* 40. *A. C.* — Chaumes de Crages; Chante-Grelet; Puymoyen.

On rencontre fréquemment des fleurs mâles et des fleurs femelles sur le même pied et dans la même ombelle.

Scandix pecten-veneris *L. sp.* 368. *C.* — Dans toutes les moissons.

Anthriscus cerefolium *Hoffm. umb.* 41. Cette espèce, cultivée dans les jardins, se trouve rarement subspontanée dans les moissons. — Moissons de Basseau.

— sylvestris *Hoffm. umb. p.* 40. *P.C.* — Le long des chemins de Lunesse ; les Mérigots (*Angoumien*) ; Ile-d'Espagnac ; environs de Ruelle (*Portlandien*).

Chærophyllum temulum *L. sp.* 370. *C.C.* —Haies, buissons ; bois de la Poudrerie ; Basseau ; les Planes ; Roullet ; Sireuil.

Conium maculatum *L. sp.* 349. *P.C.* —Ranville-Breuillaud ; La Vallette (*Coniacien*).

Hydrocotyle vulgaris *L. sp.* 338. *A.C.* — Marécages et praieries tourbeuses ; Breuty ; St-Marc ; Hurtebise ; Grand-Champ ; la Courade ; La Couronne.

Eryngium campestre *L. sp.* 337. *C.C.C.* — Chemins, champs, pelouses ; partout.

Sanicula europæa *L. sp.* 339. *Giboin in quenot st. ch. p.* 40. *C.C.* — Bois frais ; forêt de Basseau ; Longré ; forêts de Tusson, de Jarnac.

LIX. ARALIACEÆ (Juss.)

Hedera helix *L. sp.* 292. *Giboin in quenot st. ch. p.* 40. *C.C.* — Vieux murs, troncs des arbres, rochers ; partout.

Acquiert souvent de fortes dimensions.

LX. CORNEÆ (D C.)

CORNUS MAS *L. sp.* 171. *P.C.* — Bois de la Poudrerie; Basseau ; Verdille (*Portlandien*); Clergon ; chemin de Saint-Martin à la Pierre (*Angoumien*).

— SANGUINEA *L. sp.* 171. *Giboin in quenot st. ch. p.* 40 C. C. — Haies, buissons, bois.

MM. Grenier et Godron (*fl. de fr. t. II. p.* 3.), dans la diagnose qu'ils donnent de cette espèce, terminent ainsi : arbustes rameux, dépassant *à peine un mètre de hauteur.*

Nous pensons que les savants auteurs n'ont vu que des pieds rabougris de cet arbuste, ou qu'ils s'en sont rapportés aux données qu'on leur a fournies pour préciser ces dimensions.

Il est très-rare de rencontrer des pieds de *Cornus sanguinea* n'atteignant qu'un mètre de hauteur. Dans les haies même où il est sujet à être coupé chaque année, il atteint, quoique soumis à ces mutilations, une taille de 3-4 *mètres*, *jamais moins*, et dans les bois ou les autres lieux où il n'éprouve aucune cause qui puisse retarder sa végétation, il est très-commun de le voir parvenir jusqu'à 5-6 *mètres*, *souvent beaucoup plus*, notamment sur la promenade du Chemin-Vert, au bas des remparts de Beaulieu.

LXI. LORANTHÆ (Juss).

VISCUM ALBUM *L. sp.* 1451. *Giboin in quenot. st. ch. p.* 40.

A. C.—Vesnat, sur le Pommier, le Néflier, l'Aubépine ; l'Oisellerie, sur le Tilleul, les Peupliers.

Nous ne l'avons jamais vu sur le Chêne.

LXII. CAPRIFOLIACEÆ (A. Rich.)

Sambucus ebulus *L. sp.* 385. *Giboin in quenot. st. ch. p.* 40. *C. C.* — Tout le calcaire; champs cultivés, bords des chemins, décombres.

Les fleurs de cette espèce avortent très-souvent.

— **nigra** *L. sp.* 385. *Giboin in quenot. st. ch. p.* 40. *A. C.* — Bord des haies, voisinage des habitations; Grand-Champ ; fontaine des Mortiers, commune d'Anville; chemin de Basseau.

Viburnum lantana *L. sp.* 384. *Giboin in quenot. st. ch. p.* 40. *C. C. C.*— Haies, bois, chemins.

— **opulus** *L. sp.* 384. *Giboin in quenot. st. ch. p.* 40. — Lieux humides, moins commun que le *V. lantana;* îles de Roffit; forêt de Basseau ; bois de Verdille, près le Camp-des-Anglais ; Bourisson, le long d'une prairie tourbeuse.

Lonicera periclymenum *L. sp.* 247. *Giboin in quenot. st. ch. p.* 40. *A. C.* — Bois des Planes, où il est excessivement commun; haies des Bretonnières et de la forêt de Basseau.

— **xylosteum** *L. sp.* 248. — Beaucoup plus commun que l'espèce précédente; haies et bois de tout le calcaire.

LXIII. RUBIACEÆ (Juss).

Rubia peregrina *L. sp.* 158. — Bois, haies; commun partout.

Galium cruciata *Scop. carn.* 1. *p.* 100. *C. C. C.* — Haies, buissons, bords des prairies.

— **boreale** *L. sp.* 156. *R. R. R.* — Prairies entre Freyères et Longré, près La Chatre, commune de Saint-Trojan (*Carentonien*).

C'est la variété γ. *Glabrum* **Gren**. *et* **God**. (*fl. fr.* 2. *p.* 18), à fruits glabres et rugueux.

— **verum** *L. sp.* 155. *Giboin in quenot. st. ch. p.* 40. *C. C. C.* — Prairies, bords des bois; tout le calcaire.

— **elatum** *Thuill. fl. par.* 76. *G. mollugo Coss. et Germ. fl. par.* 362. *tab.* 22. *C.* — Partout.

— **corrudæfolium** *Vill. prosp. Dauph. p.* 20 *et fl. Dauph.* 2. *p.* 320 *R. R. R.* — Forêt de la Braconne, entre Agris et Jauldes (*Oxfordien*).

— **sylvestre** *Poll. pal.* 1. *p.* 151. *C. C.* — Chemins arides de Chante-Grelet; chaumes de Crages.

— **commutatum** *Jord. observ. sept.* 1846. *p.* 149. *A. R.* — Environs de La Chatre, commune de St-Trojean.

Cette espèce, longtemps confondue avec le *G. sylvestre Poll.*, dont elle formait la variété *glabrum Koch.*, s'en distingue : par ses fleurs plus nombreuses, *moins ramassées; par ses* feuilles

*plus épaisses, plus étroites, à nervure nullement saillante
sur le frais;* par ses tiges *lisses, luisantes, presque toujours
glabres* (*Jord. loc. cit.*)

— PALUSTRE *L. sp.* 135. *C. C.* — Bords des fossés de Vesnat;
   prairies humides de Belle-Roche; La Couronne; Châteauneuf, le long de la Charente; îles de Roffit.

— PARISIENSE *L. sp.* 157. *R. R.* — Moissons et champs sablonneux des Planes.

D'après MM. Grenier et Godron (*fl. de fr.* 2. *p.* 42.), cette
espèce ne noircit pas par la dessication.

C'est une erreur. Nous préférons dire avec MM. Cosson et
Germain (*fl. par. p.* 363.) : *noircit plus ou moins par la dessication.*

Ce caractère dans le genre *Galium* présente de grands avan-
tages pour l'étude des espèces sur le sec, et doit être scrupuleu-
sement noté.

— APARINE *L. sp.* 157. *C. C.* — Partout; surtout dans les
   haies.

— TRICORNE *With. brit. éd.* 2. *p.* 153. *C. C. C.* — Moissons
   calcaires; Beauregard (*Angoumien*); Anville (*Portlandien*).

ASPERULA ODORATA *L. sp.* 150. *Giboin in quenot. st. ch. p.*
   40. *R. R.* — Forêt de Ruffec.

Nous n'avons jamais remarqué que cette plante devenait odo-
rante par la dessication (*fl. fr.* 2. *p.* 47. *Gren. et God.*).

— CYNANCHICA *L. sp.* 151. *C. C.* — Tous les coteaux calcaires.

— ARVENSIS *L. sp.* 150. *Giboin in quenot. st. ch. p.* 40. *C. C.*
   — Moissons.

SHERARDIA ARVENSIS *L. sp.* 149. *C. C. C.* — Champs cultivés ;
de préférence dans les endroits sablonneux.

CRUCIANELLA ANGUSTIFOLIA *L. sp.* 157. *A. R.* — Sables de la
Poudrerie ; moissons de Vesnat ; Ruffec ; chaumes de
Chante-Grelet.

Var. 6. MONOSTACHYA *D C. fl. fr. P. C.* — Chaumes de
Clergon ; sables de la Poudrerie ; de 2-3 décimètres, ceux
de Clergon 1 au plus.

LXIV. VALERIANEÆ (D C.)

CENTRANTHUS RUBER *D C. fl. fr.* 4. *p.* 239. *Valeriana rubra
Giboin in quenot. st. ch. p.* 39. *C. C. C.* — Les vieux
murs et les édifices publics ; remparts d'Angoulême ; Saint-
Martin ; talus du chemin de fer de Syllac à La Couronne ;
ruines de l'abbaye de La Couronne.

Subspontané dans les lieux où il se rencontre , rarement cultivé dans les jardins.

VALERIANA OFFICINALIS *L. sp.* 45. *Giboin in quenot. st. ch.
p.* 39. *A. C.*—Bords des eaux ; Luxé ; Giget ; la Poudrerie ; Anguienne ; St-Marc (*Oxfordien et Carentonien*).

— DIOICA *L. sp.* 44. *R.* — Marécages de Saint-Michel ; prairie de Ruffec, près Condac (*Grande Oolithe*) ; Longré ; tout
le cours de l'Houme.

VALERIANELLA OLITORIA *Poll. pal.* 1. *p.* 30. *C. C. C.*— Lieux
cultivés ; moissons du calcaire.

— CARINATA *Lois. not.* 149. — Moins commun que la précédente espèce ; moissons des Bretonnières, près Roullet.

— MORISONII *D C. prod.* 4. *p.* 627. *P. C.* — Moissons de Bellaveau, commune de Longré (*Oxfordien*).

— ERIOCARPA *Desv. Journ. bot.* 2. *p.* 314. *t.* 11. *f.* 2. *A. C.*— Moissons des Bretonnières ; Longré.

— CORONATA *D C. fl. fr.* 4. *p.* 241 (*non D C. prod.*) *R. R.* — Moissons de Saint-Yrieix ; champs sablonneux des Planes, près St-Cybard.

LXV. DIPSACEÆ (D C.).

DIPSACUS SYLVESTRIS *Mill. dic.* 2. *Giboin in quenot. st. ch. p.* 39. *C. C. C.* — Bords des routes, chemins, champs ; partout.

KNAUTIA ARVENSIS *Kock. syn. éd.* 2. *p.* 376. *Scabiosa arvensis Giboin in quenot st. ch. p.* 39. — Champs, moissons.

SCABIOSA COLUMBARIA *L. sp.* 143. *C. C. C.* — Pelouses arides des bois, chaumes ; tout le calcaire.

— SUCCISA *L. sp.* 142. *C. C. C.* — Prairies et bois humides ; partout.

LXVI. SYNANTHEREÆ (C. Rich).

Subord. 1. — CORYMBIFERÆ. (*Vaill.*)

EUPATORIUM CANNABINUM *L. sp.* 1173. *Giboin in quenot. st. ch. p.* 39. *C. C. C.* — Lieux humides ; prairies, bords des chemins ; partout.

Nous avons rencontré dans les prairies tourbeuses de Saint-Marc une très-jolie variation à fleurs blanches.

PETASITES FRAGRANS *Presl. fl. sicul.* 1 *p.* 28. *Tussilago suaveolens. Giboin in quenot st. ch. p.* 39. *A. R.*

Cette espèce cultivée à cause de son odeur de vanille, peut être considérée comme parfaitement subspontanée, le long d'un mur de la Petite-Garenne, et dans un chemin près Vesnat, où elle n'a jamais été plantée.

TUSSILAGO FARFARA *L. sp.* 1214. *Giboin in quenot st ch. p.* 39. *C. C. C* — Champs, fossés, bords des routes; dans les endroits argileux.

SOLIDAGO VIRGA-AUREA *L. sp.* 1235. *Giboin in quenot st. ch. p.* 39. *C. C. C.* — Lupsault; forêts de Jarnac, la Braconne, Basseau.

Nous devons posséder plusieurs des variétés de cette espèce, mais ayant négligé de les cueillir, nous ne les mentionnerons que plus tard.

— GLABRA *Desf. cat. éd.* 3. *p.* 402. *A. R.* — Cette espèce Américaine, quelquefois cultivée dans les jardins, est aujourd'hui naturalisée dans un endroit humide de la forêt des Pères, près Nersac, et dans un champ sablonneux près le chemin de fer, à Syllac.

LINOSYRIS VULGARIS *D C. prod.* 5. *p.* 352. *Chrysocoma linosyris L. sp.* 1178. Rare dans le département. Commun dans la forêt de Jarnac, près Bréville et St-Yrieix; coteaux de la Tourette, où il est peu commun.

ERIGERON CANADENSIS *L. sp.* 1210. *E. canadense. Giboin in* quenot *st. ch. p.* 39. *C.C.C.* — Tous les champs sablonneux.

— ACRIS *L. sp.* 1211. *E. acre. Giboin in quenot st. ch. p.* 39. *A.C.* — Ruines de Château-Renaud ; Basseau (*Gardonien*) ; Vesnat (*Portlandien*) ; Pétignac (LECLER).

BELLIS PERENNIS *L. sp.* 1248. *Giboin in quenot st. ch. p.* 39. *C.C.C.* — Partout.

Var. α. CAULESCENS (*Nobis*). — Cette variété, que nous avons rencontrée sur les pelouses d'Anville, se distingue du type : *par sa floraison beaucoup plus tardive ; par ses fleurs de beaucoup plus petites ; par ses pédoncules plus grêles, plus allongés ; par ses feuilles plus hispides ; par ses pédoncules floraux portés sur une petite tige et munis à leur insertion avec elle de deux feuilles opposées.*

SENECIO VULGARIS *L. sp.* 1216. *Giboin in quenot st. ch. p.* 39. *C.C.C.* — Partout.

— VISCOSUS *L. sp.* 1217. *A.R.* — Moissons des Lamberts, de la forêt de Basseau.

— SYLVATICUS *L. sp.* 7217. *Giboin in quenot st. ch. p.* 39. *P.C.* — Forêt de Basseau, où il est rare ; coteaux de St-Brice, près Garde-Epée ; forêt de Ruffec, où il atteint jusqu'à 1 mètre 0,50.

— AQUATICUS *var.* ε. PENNATIFIDUS. *S. barbareæfolius Rchb. fl. exc.* 244. *A.C.* — Sur tout le cours de l'Houme ; les Gours (*Portlandien*).

— JACOBÆA *L. sp.* 1219. *Giboin in quenot st. ch. p.* 39. *C.C.C.* — Prairies ; partout.

— ERUCIFOLIUS *L. sp.* 1218. *C.C.* — Champs, bois, bords des
  haies.

ARTEMISIA ABSINTHIUM *L. sp.* 1188. *A.R.* — Ruines du châ-
  teau de Larochefoucauld ; Boisbeaudreau , commune des
  Gours ; Château-Renaud , près Fontenille ; Echallat ;
  Mansle ; St-Trojean.

— CAMPHORATA *Vill. prosp.* 3i. *et Dauph.* 3. *p.* 242. *A. sua-*
  veolens. Giboin in quenot st. ch. p. 39. *A. camphorata*
  Guillon in Puel exsic. n° 167. *C.C.C.* — Toutes nos
  chaumes et nos coteaux des terrains calcaires.

— VULGARIS *L. sp.* 1188. *Giboin in quenot st. ch. p.* 39. *A.*
  C. — Bords des chemins, décombres ; Vesnat ; Chalonnes ; Syllac ; la Poudrerie.

LEUCANTHEMUM VULGARE *Lam. fl. fr.* 2. *p.* 137. *Chrysan-*
  themum leucanthemum. Giboin in quenot st. ch. p. 39.
  C.C.C. — Prairies, champs ; partout.

— GRAMINIFOLIUM *Lam. fl. fr.* 2. *p.* 137.

Cette plante, si remarquable pour notre département, se rencontre en quantités innombrables sur les coteaux calcaires de
Chante-Grelet , l'Arche, La Couronne, etc.

Nous faisons ici la même observation que pour le *Sedum*
anopetalum, c'est que le *L. graminifolium,* indiqué par M.
Planchon (*loc. cit. p.* 93.), comme caractéristique de la dolomie,
ne croît nullement dans nos terrains dolomitiques !

— CORYMBOSUM *Gren. et God. fl. de fr.* 2. *p.* 145. — Cette
  plante également rare pour la Charente, abonde dans les
  quelques localités où elle se rencontre. Bois de Barbeziè-

res ; Lupsault : forêt de la Braconne, près Agris (*Oxfordien*).

CHRYSANTHEMUM SEGETUM *L. sp.* 1254. *A.R.* — Moissons de la forêt de Basseau ; Syllac ; très-commun dans les champs incultes, près St-Germain-sur-Vienne (*Schistes cristallins*).

MATRICARIA INODORA *L. fl. suec.* 2. *p.* 765. *Chrysanthemum inodorum L. sp.* 1253. *A.C.* — Champs de Sainte-Sévère et de tout le pays-bas (*Coniacien*) ; La Vallette.

ORMENIS NOBILIS *Gay in Coss. et Germ. fl. p.* 397. *Anthemis nobilis Giboin in quenot st. ch. p.* 39. *Chamomilla nobilis Gren. et God. fl. de fr.* 2. *p.* 150. *A.R.* — Dans le département.

Très-abondant dans les vignes de Mons ; la Citerne ; Verdille ; Bréville ; landes de Soyaux (*Argiles réfractaires*).

Le genre *Chamomilla* créé par M. Godron (*flore de Lorraine.* 2. *p.* 19), et adopté par les auteurs de la Flore de France (*loc. cit.*), comprend les espèces *C. nobilis , C. mixta* et *C. fuscata.* Il nous paraît former un groupe nettement tranché par les caractères importants que présentent les akènes et les corolles.

Ces caractères qui , depuis longtemps nous avaient frappés, avaient contribué à nous faire considérer notre espèce Charentaise comme devant être éliminée du genre *Anthemis,* et nous avions adopté le genre *Ormenis* de M. Gay. Nous le conservons encore aujourd'hui afin d'éviter une confusion qui pourrait résulter de ce que, indépendamment du genre *Chamomilla* Godr., il existe deux autres genres du même nom , l'un créé par M. Schultz, pour une plante du Cap, et l'autre par M. Koch. (*Linnœa.* 17. *p.* 45).

ANTHEMIS ARVENSIS *L. sp.*1261. *Giboin in quenot st. ch. p.* 39. *A.C.* — Moissons de Châteauneuf ; Boisbedeuil.

— COTULA *L. sp.* 1261. *C.C.* — Moissons des terrains sablonneux et calcaires ; Poudrerie ; Vesnat ; l'Arche ; à peu près partout.

ACHILLEA MILLEFOLIUM *L. sp.* 1267. *Giboin in quenot st. ch. p.* 39. *C.C.C.* — Chemins, champs ; partout.

Nous avons recueilli dans les moissons des Planes, en face des moulins à poudre, une variation à fleurs d'un beau rouge pourpre.

BIDENS CERNUA *L. sp.* 1165. *P.C.* — Marécages près Saint-Michel (*Angoumien*) ; étangs desséchés de Brillac, près Confolens (*Granit.*)

INULA CONIZA *D C. prod.* 5. *p.* 464. *Coniza squarrosa L. sp.* 1205. *Giboin in quenot st. ch. p.* 39. *C.C.C.* — Bords des chemins, haies, coteaux arides.

— SALICINA *L. sp.* 1238. *I. ensifolia Giboin in quenot st. ch. p.* 39. *A.C.* — Bois de la Petite-Garenne ; bois du Cimarre (*Portlandien*) ; forêts de Jarnac, de Tusson ; Barbezières ; Bois-du-Four.

— MONTANA *L. sp.* 1244. *A.C.* — Chaumes arides, coteaux de Chante-Grelet ; l'Arche ; moulin du Got ; Dirac ; Châteauneuf (*Angoumien et Carentonien*) ; Ruelle (*R.R.*) (*Portlandien*).

— BRITANNICA *L. sp.* 1237. *R.R.* —Moulin de Coudret, commune d'Oradour-Chillé; marais de Breuty.

Pulicaria dysenterica *Gœrtn. fruct.* 2. *p.* 461. *C.C.C.* —
Bords des fossés, rivières, lieux humides.

— **vulgaris** *Gœrtn. fruct.* 2. *p.* 461. *A.R.* — Bréville; rues
de Brillac, près Confolens.

Cupularia graveolens *Gren. et God. fl. de fr.* 2. *p.* 180.
Inula graveolens **Desf. atl.** 2. *p.* 275. *Giboin in que-*
not st. ch. p. 39. *A.C.* — Champs sablonneux de Lunesse; Roffit; Chalonnes et Basseau.

Helichrysum stoechas *D C. fl. fr.* 4. *p.* 132. *Gnaphalium*
stœchas. Giboin in quenot st. ch. p. 39. *C.C.C.* — Coteaux arides et calcaires, carrières, pierrailles.

Notre plante diffère beaucoup pour la taille, de celle qui croît
dans les dunes et les sables des bords de la mer (cap Féret,
forêt de pins d'Arcachon; dunes de l'île d'Oleron). Elle est rabougrie, à calathydes beaucoup plus petits que dans nos échantillons; feuilles moins linéaires, beaucoup plus tomenteuses.

Ces différences sont dues au voisinage de la mer.

Gnaphalium luteo-album *L. sp.* 1196. *A.R.* — Forêts de
Basseau, de Ruffec, de Jarnac; Mouthiers, près le Camp-
des-Anglais.

— **uliginosum** *L. sp.* 1200. *Giboin in quenot st. ch. p.* 39.
A.C. — Forêt de Ruffec (*Oxfordien*); étangs desséchés
des landes de Chantillac; Baignes (*Dordonien*); tout le
canton de Confolens.

Filago spathulata *Presl. delic. prag. p.* 93. *Jord. obs. pl.*
Fra. frag. 3. *p.* 199. *tab.* 7. *fig. c. F. Jussiœi Coss.*

et Germ! ann. sc. nat. ser. 2. *t.* 20. *p.* 284. *tab.* 13. *fig.
c.* 1-3. *C.C.* — Moissons des terrains sablonneux.

— GERMANICA *L. sp.* 1311. *Giboin in quenot st. ch. p.* 39. —
Moins commun que le précédent; forêt de Basseau ; moissons des Planes.

— ARVENSIS *L. sp.* 1312. *A.C.* — Mêmes localités que les espèces précédentes avec lesquelles il se trouve mélangé.

— MINIMA *Fries. nov. p.* 268. *F. montana D C. prod.* 6. *p.*
248. *Giboin in quenot st. ch. p.* 39. — Mêmes lieux
que les espèces précédentes; landes et moissons du canton
de Confolens.

LOGFIA SUBULATA *Cass. dict.* 27. *p.* 116. *L. gallica Coss. et
Germ. ann. sc. nat. ser.* 2. *t.* 20. *p.* 290. *t.* 13. *fig. A.*
1-11. *A.C.* — Forêt de Basseau ; St-Michel.

MICROPUS ERECTUS *L. sp.* 1313. *C.C.* — Chaumes calcaires
de l'Arche ; Chante-Grelet; Crages ; Clergon.

Une forme *Pygmea* se rencontre assez communément sur les
coteaux arides de Dirac et Torsac ; de 15-20 millimètres, à ca-
lathides 2-3, disposées en un seul glomérule, sessiles au sommet
de la tige non feuillée, offrant seulement 2-3 feuilles florales
autour et à la base du glomérule.

Se rapproche beaucoup de l'*Evax pygmæa pers.*

CALENDULA ARVENSIS *L. sp.* 1303. *Giboin in quenot st. ch. p.*
39. *A.C.* — Vignes de St-Marc ; Roullet ; Ruelle.

Subord. 2. — CYNAROCEPHALÆ. (*Juss.*)

SILYBUM MARIANUM *Gærtn. fruct* 2. *p.* 378. *tab.* 162. *fig.* 2.

Carduus marianus L. sp. 1153. *Giboin in quenot st. ch. p* 30. *R.R.*

Cette belle plante, découverte dans la Charente par notre ami M. le docteur Lecler, il y a plusieurs années, aux pieds des remparts d'Angoulême, sous le Parc, avait disparu par suite de travaux exécutés dans cette portion de la ville; nous l'y avions vainement cherché, quand le 28 juillet 1858, nous avons été assez heureux pour la rencontrer en assez grand nombre sur les rochers du Chemin-Vert, au bas des remparts de Beaulieu.

Espérons que les faiseurs de chemins et de ronds-points ne viendront pas la chercher jusque-là.

Nous ignorons si le *S. marianum* a été trouvé sur d'autres points du département.

Il est excessivement commun dans la Charente-Inférieure et sur tout le long des talus du chemin de fer de Rochefort, à partir de la station de Ciré, et sur le bord des marais salans.

ONOPORDON ACANTHIUM *L. sp.* 1158. *P.C.* — Bardines; chemin qui de la route de Cognac, conduit à la Charente, près les Planes; Syllac, bords du chemin de fer (*Angoumien*).

CIRSIUM LANCEOLATUM *Scop. carn.* 2. *p.* 130. *Carduus lanceolatus L. sp.* 1149. *Giboin in quenot st. ch. p.* 39. *C.C. C.* — Partout.

— ERIOPHORUM *Scop. carn.* 2. *p.* 130. *Carduus eriophorus L. sp.* 1153. *Giboin in quenot st. ch. p.* 39. *A.R.* — Jarnac; Barbezieux (*Campanien*); Cognac (*Coniacien*); Pétignac, sur le bord de la route de Bordeaux (LECLER).

Var. INVOLUCRATUM *E. Cosson ann. sc. nat. avril* 1847. *t.*

VII. p. 207. *R.R.R.* — Route d'Angoulême à Bordeaux, près le Grand-Girac.

Cette remarquable variété, que nous avons découvert le 20 août 1848, sur les côtés de la route de Bordeaux, près le Grand-Girac, fut soumise par notre ami M. le docteur Lecler au contrôle de M. Cosson. Le savant botaniste la désigna sous le nom de *C. eriophorum, var. involucratum.*

Cette belle variété n'avait encore été trouvée en France que dans un bois appelé la Matte-de-Formiguères, près de Mont-Louis, dans les Pyrénées-Orientales, par M. Petit.

M. Cosson avait donné dans le principe le nom de *C. trainense* à cette variété remarquable, dans une note communiquée à M. Gussone, lorsque l'examen de la plante Pyrénéenne a déterminé notre savant collègue à ne pas séparer cette forme du *C. eriophorum.*

La détermination de nos échantillons par M. Cosson, ne laisse aucun doute sur leur identité avec les échantillons Pyrénéens.

— **PALUSTRE** *Scop. carn.* 2. p. 128. *Carduus palustris L. sp.* 1151. *Giboin in quenot st. ch.* p. 39. *C.C.* — Bords des eaux, marais, prairies tourbeuses.

Nous avons rencontré dans la forêt de Ruffec, dans un endroit sec, mais où probablement l'eau séjourne l'hiver, des pieds de cette plante, d'une hauteur de 5-6 mètres.

— **BULBOSUM** *D C. fl. fr.* 4. p. 118. *R.R.* — Petite-Garenne; Mortiers, commune d'Anville.

Les auteurs de la Flore de France (2 *p.* 219), lui assignent pour station les prairies, aussi bien qu'à l'espèce suivante. Nous ne l'avons jamais rencontré que dans les bois secs et argileux.

Le *C. anglicum*, au contraire, ne se rencontre jamais que dans les prairies humides dont il forme le fond de la végétation dans certaines localités, et notamment dans les prairies du Maine-de-Boix (*Oxfordien*).

— ANGLICUM *Lob. icon. tab.* 583. *C.C.* — Prairies du Maine-de-Boixe ; marais de Breuty; La Couronne; Barillon.

— ACAULE *All. ped.* 153. *Carduus acaulis L. sp.* 1156. *Giboin in quenot st. ch. p.* 39. *C.C.* — Chaumes et landes arides.

Var. ε. CAULESCENS *Coss. et Germ. fl. par. p.* 384. — Moins commun que le type avec lequel il croît, mais de préférence dans les endroits herbeux des coteaux et du bord des chemins secs.

— ARVENSE *Scop. carn.* 2. *p.* 126. *Serratula arvensis L. sp.* 1149. *C.C.C.* — Vignes, moissons ; partout.

Cette plante, que l'on ne fait disparaître que difficilement des cultures, est très-redoutée des paysans, à cause du tort qu'elle cause dans les moissons.

En présence de la longue nomenclature d'espèces réputées hybrides, mentionnées dans la Flore de France par **MM.** Grenier et Godron, nous ne pouvons qu'avouer notre ignorance complète sur ce sujet.

Disons seulement, et ceci peut s'appliquer au genre *Cirsium* tout aussi bien qu'aux autres genres aujourd'hui encombrés d'espèces hybrides, que pour nous l'hybridisme, dans tous les genres où depuis quelque temps on en a tant créé d'espèces, n'est, si il existe réellement, qu'un jeu de la nature qui mérite d'être étudié et signalé dans un ouvrage physiologique, mais auquel le botaniste spécificateur, le floriste, doit rester complètement étranger.

Nous ne voulons pas entrer dans une discussion qui serait trop longue pour un sujet aussi aride ; d'autres plus à même d'être juges en pareille matière se sont déja prononcés ; mais comme l'a dit un de nos savants maîtres M. Ch. Desmoulins (*Cat. Dord. suppl. final. p.* 164.) : « *Tout Botaniste doit sa profession de foi aux hommes qui se livrent aux mêmes travaux.* »

Nous pensons avoir donné la nôtre par les quelques lignes qui précèdent, et nous la terminons en disant que nous espérons voir la contagion de l'hybridisme perdre peu à peu de son intensité.

CARDUUS TENUIFLORUS *Curt. lond. fasc.* 6. *p.* 55. *C.C.C.* — Chemins, décombres, bords des champs.

— NUTANS *L. sp.* 1150. *Giboin in quenot st. ch. p.* 39. — Mêmes lieux que le précédent, mais beaucoup plus commun par localités.

CARDUNCELLUS MITISSIMUS *D C. fl. f. 4. p.* 73. *A.C.* —Chaumes et coteaux arides ; Sonneville ; Bréville (*Oxfordien*) ; coteaux de Chante-Grelet (*Angoumien*).

Var. CAULESCENS (*Nobis*). — Moins commun que le type, beaucoup plus robuste. — Champs cultivés d'Espagnac, près le Grand-Lac (*Coniacien*) ; bois de Blanchefleur, près Châteauneuf (*Angoumien*).

CENTAUREA AMARA *L. sp.* 1292. *C.C.* —Bois de la Poudrerie ; Basseau ; forêt de Ruffec ; Tusson.

— MICROPTILON *Gren. et God. fl. fr. 2. p. 242. C.* — Forêt
de Jarnac; landes de Baignes et de Chantillac (*Sables
tertiaires*).

— NIGRA *L. sp. 1288. Giboin in quenot st. ch. p.* 39. *C C.*
Prairies, bords des chemins.

— CYANUS *L. sp.* 1289. *Giboin in quenot st. ch. p.* 39. *C.C.*
— Dans toutes les moissons.

— SCABIOSA *L. sp.* 1291. *Giboin in quenot st. ch. p.* 39. *A.C.*
— Moissons, champs cultivés; Belle-Roche; Syllac;
Ruffec (*Oxfordien*); Breuty; l'Oisellerie (*Carentonien*).

— CALCITRAPA *L. sp.* 1297. *C.C.C.* — Bords des routes; Syllac; St-Cybard; Petite-Garenne; tout le calcaire.

KENTROPHYLLUM LANATUM *D C. in Dub. bot.* 293. *Carthamus
lanatus L. sp.* 1163. *Giboin in quenot st. ch. p.* 39.
C.C.C. — Moissons, bords des routes, champs en friches; partout.

SERRATULA TINCTORIA *L. sp.* 1144. *C.C.C.* Bois de la Petite-
Garenne, de l'Epineuil; forêt de Basseau (*Portlandien*);
Ruffec; la Braconne.

Nous avons recueilli dans les marais de Breuty, une variation à fleurs blanches.

CARLINA VULGARIS *L. sp.* 1161. *A.C.* — Lieux incultes et arides, bords des chemins; toute la partie calcaire du département.

LAPPA MINOR *D C. fl. fr.* 4. *p.* 77. *Arctium lappa. Giboin
in quenot st. ch. p.* 39. *C.* — Décombres et chemins, autour des habitations.

Xeranthemum cylindraceum *Sibth. et Sm. prod. fl. græc 2. p. 172. X. annuum. Giboin in quenot st. ch. p. 39. A. R.* — Vignes de Salles; Cognac; Segonzac; Barbezieux; La Vallette (*Coniacien*); Anville (*Oxfordien*).

Subord. 3. — CICHORACEÆ. (*Juss.*)

Catananche coerulea *L. sp.* 1142. *R.R.R.* — Haies près le village de Chez-Merlet, limite des deux Charentes; entre Tourriers et Vars (Lecler).

Il est à craindre que cette jolie chicoracée, qui tend à devenir de plus en plus rare dans notre département, ne finisse par disparaître complètement. Les haies des bords des champs qu'elle affectionne sont dangereuses pour elle, car tous les jours on les arrache pour la culture de la vigne.

Cichorium intybus *L. sp.* 1142. *Giboin in quenot st. ch. p.* 38. *C.C.C.* — Partout.

Arnoseris pusilla *Gærtn. fr.* 2. *p.* 355. *t.* 157. *R.R.* — Moissons des terrains granitiques; Alloue; St-Germain-sur-Vienne; Brillac; Confolens.

Particulière aux terrains primitifs dans notre département.

Lampsana communis *L. sp.* 1141. *Giboin in quenot st. ch. p.* 38. *C.C.C.* — Partout.

Hypochoeris glabra *L. sp.* 1140. *A.C.* — Garde-Epée; St-Brice; forêt de Basseau; moissons de St-Michel; terrains sablonneux.

— radicata *L. sp.* 1140. *C.C.* — Dans les prairies.

THRINCIA HIRTA *Roth. cat. bot.* 1. *p.* 98. *A.C.* — Anville;
lieux cultivés, bords des chemins; Mortiers.

— HISPIDA *Roth. cat.* 1. *p.* 99. *A.R.* — Bords de la Charente,
près Châteauneuf (*Carentonien*).

LEONTODON AUTOMNALIS *L. sp.* 1123. *A. C.* — Forêt de Jarnac; tout le pays-bas (*Coniacien*); Basseau (*Gardonien*),
où il est rare.

— PROTEIFORMIS *Vill. Dauph.* 3. *p.* 87. *L. hastile Koch. syn.*
481. *C.C.* — Prairies, bords des chemins, coteaux, pelouses.

  Var. α. GLABRATUS *Koch. P.C.* — Montée de Sainte-Barbe
  (*Portlandien*); Petite-Garenne (*Angoumien*).

  Var. 6. VULGARIS *Koch. P.C.* — Prairies de Féret, commune de Longré (*Oxfordien*).

PICRIS HIERACIOIDES *L. sp.* 1115. *Giboin in quenot st. ch.*
  p. 38. *C.C.* — Ranville (*Oxfordien*); Vesnat; St-Yrieix,
  le long des chemins (*Portlandien*); forêt de Basseau.

HELMINTHIA ECHIOIDES *Gærtn. fr.* 2. *p.* 368. *t.* 159. *Giboin
in quenot st. ch. p.* 38. *A.R.* — Syllac, le long du chemin de fer; route de St-Cybard, dans une haie; tout le
pays-bas (*Coniacien*).

SCORZONERA HUMILIS *L. sp.* 1112. *Giboin in quenot st. ch.*
  p. 38. *C.C.* — Prairies des Bretonnières; Sireuil; les
  Châtelards (*Carentonien*); Longré (*Portlandien*).

— PARVIFLORA *Jacq. austr.* 4. *t.* 305. — Moins commun que
le précédent, avec lequel il a été longtemps confondu. —
Bois frais; Petite-Garenne; landes de Soyaux (*Sables
tertiaires*).

PODOSPERMUM LACINIATUM *D C. fl. fr.* 4. *p*. 62. *P.C.* — Au-
ville, dans les vignes (*Oxfordien*); Rabion (*Angoumien*).

> *Var.* 6. INTEGRIFOLIA *Gren. et God. fl. de fr.* 2. *p.* 309.
> Beaucoup plus commun que le type. — Champs argileux
> de Syllac; chaumes de l'Arche, dans les moissons.

TRAGOPOGON PRATENSIS *L. sp.* 1109. *T. pratense Giboin in
quenot st. ch. p.* 38. *C.C.C.* — Dans toutes les prairies
tourbeuses et humides.

— PORRIFOLIUS *L. sp.* 1110. *R.R.* — Prairies de Boutiers et
forêt de Jarnac.

Cette espèce est souvent cultivée pour sa racine alimentaire.
Les stations où elle se rencontre dans la Charente nous portent
à penser qu'elle est bien réellement spontanée.

Cependant son origine étrangère pourrait faire croire qu'elle
n'est que simplement naturalisée.

— MAJOR *Jacq. austr. t.* 29. *Boreau. fl. du centre.* 309. *R.
R.* — Chaumes des environs de La Couronne (*Carentonien*).

— DUBIUS *Vill. Dauph.* 3. *p.* 68. *R.R.R.* — Bois découverts
et sablonneux des Bretonnières, près Roullet.

La présence dans notre département de cette espèce, indiquée
par MM. Grenier et Godron (*fl. fr.* 2. *p.* 313), seulement dans
les vallées chaudes du Dauphiné, et dans la Provence, nous a
étonné, cependant les caractères des rares échantillons que nous
avons rencontrés, se rapportent entièrement à ceux qu'en donnent les savants floristes. La présence de cette plante dans la
Dordogne (*cat. sup. fin. p.* 126), nous permet de supposer
que l'habitat qui lui est assigné dans la Flore de France
(*loc. cit.*), ne doit pas être absolu.

Chondrilla juncea *L. sp.* 1120. *C.C.C.* — Vignes des Bretonnières; Châteauneuf ; Sireuil; Aigre; La Couronne ; tous les terrains.

Les habitants de nos campagnes emploient les tiges de cette plante à façonner des balais pour leurs usages domestiques.

Taraxacum officinale *Wigg. prim. hols. p.* 56. *C.C.C.* — Chemins, champs, pâturages; partout.

— **erythrospermum** *Andrez. in Bess. fl. pod.* 2. *n*° 1586. *R.R.* — Chaumes arides, en face des moulins de la Poudrerie (*Cailloux roulés.*)

— **palustre** *D C. fl. fr.* 4. *p.* 45. *A.C.* — Prairies humides près Foulpougne (*Portlandien*); marais tourbeux de Breuty.

Lactuca chondrillæflora *Boreau. fl. cent. éd.* 2. *p.* 312. *C.C.* — Vignes, champs incultes; St-Marc; Puymoyen ; Syllac (*Angoumien*): Belle-Roche ; La Couronne.

— **scariola** *L. sp.* 1119. *A.C.* — Tout le pays-bas (*Coniacien*) ; Trésor de Nanteuil (*Grande Oolithe*) ; Cognac ; Baignes.

— **virosa** *L. sp.* 1119. *A.C.* — Rochers au bas du parc de Cognac ; Rancogne (*Portlandien*) ; Petite-Garenne; bords du chemin de fer, près Syllac.

— **sativa** *L. sp.* 1118. *Giboin in quenot st. ch. p.* 38. — Cultivé et quelquefois subspontané sur les murs et dans les moissons; chemin des Argentiers ; les Bretonnières, près Roullet.

— **muralis** *Fresenius. taschn.* 1832. *p.* 184 *Prenanthes*

muralis L. sp. 1121. *A.R.* —Rochers d'Hurtebise; église
St-Pierre, à Angoulème; parc de Cognac; Saint-Trojean
(*Coniacien*); Luxé, Echoisy (*Kimmeridgien*).

— PERENNIS *L. sp.* 1120. *Giboin in quenot st. ch. p.* 38. *C.
C.* — Vignes de St-Michel; Hurtebise; Ruelle; Mornac.

SONCHUS OLERACEUS *L. sp.* 1116. *C.C C.*—Champs, jardins,
vignes, lieux cultivés; partout.

— ASPER *Vill. Dauph.* 3. *p.* 158. *C.C.C.*—Mêmes lieux que
le précédent.

— ARVENSIS *L. sp.* 1116. *Giboin in quenot st. ch. p.* 38. *A.
C.* — Marais de Breuty ; bords des eaux ; endroits rocailleux et arides de la Tour-Garnier ; Ste-Sévère ; Bréville.

Nous avons rencontré le long des chemins des jardins de
l'Anguienne, dans une haie nouvellement taillée, une forme
très-curieuse de cette plante.

La tige s'élève à la hauteur d'un mètre environ ; simple, peu
feuillue ; à feuilles longues, molles, transparentes ; sur la partie de la haie qui a été coupée à un mètre du sol et suivant un
plan parfaitement horizontal, se développe une rosette de feuilles au sommet de cette tige parvenue jusqu'à cette limite.

Ces feuilles sont en tout semblables aux rosettes radicales
que la plante produit avant l'anthèse dans sa station habituelle.

On croit voir une de ces rosettes arrachée et placée sur la
haie en question.

Il est à remarquer que cette forme ne fructifie jamais.

— MARITIMUS *L. sp.* 1116. *A.C.* — Marais de l'Houme et
prairies voisines de la forêt de Jarnac (*Portlandien*).

CREPIS TARAXACIFOLIA *Thuil. fl. p.* 409. *C.C.C.* — Sur tous
les vieux murs et les décombres.

— SETOSA *Hall. fil. in Ræm. arch.* (1776.) 1. *pars.* 2. *p.* 1.
C.C. — Prairies artificielles des environs de Ruffec; Longré (*Oxfordien*); forêt de Basseau, où il est rare; tout
l'arrondissement de Confolens.

— FOETIDA *L. sp.* 1133. *Giboin in quenot st. ch. p.* 38. *C.C.*
C. — Champs, vignes, chemins; partout.

— VIRENS *Vill. Dauph.* 3 *p.* 142. *C.C.C.* — Partout.

— PULCHRA *L. sp.* 1134. *A.R.* — Champs et bords des chemins; St-Marc; Syllac; les Halliers (*Carentonien*).

HIERACIUM PILOSELLA *L. sp.* 1125. *Giboin in quenot st. ch.*
p. 38. *C.C.C.* — Pelouses, bois, chaumes; tout le cal-
oaire.

Var. 6. NIGRESCENS *Fries. monog. p.* 2. *ic. Fuchs. hist.*
605. — Mêmes lieux que le type et presque aussi commun que lui.

— MURORUM *L. sp.* 1128. *Giboin in quenot st. ch. p.* 38. *C.*
C. — Bois; partout.

Des recherches que nous avons négligées jusqu'ici nous
feront découvrir, nous l'espérons, un grand nombre des variétés de cette espèce et des espèces suivantes.

— TRIDENTATUM *Fries. monogr.* 171. *A.C.* — Bois de la Poudrerie; Basseau; le Fouilloux, près Larochefoucauld.

— UMBELLATUM *L. sp.* 1131. *C.* — Forêt de Jarnac; bruyères de Baignes; Touvérac; Chantillac.

Andryala sinuata *L. sp.* 1137. *A. integrifolia. L. sp.* 1137. *Giboin in quenot st. ch. p.* 38. *C.C.C.* — Endroits sablonneux ; Poudrerie ; Basseau ; le long du chemin de fer de Mouthiers à Chalais (*Dordonien*); Vars ; Luxé ; Mornac ; Ruffec (*Portlandien*).

MM. Grenier et Godron ont réuni sous le nom de *A. sinuata* les deux espèces Linnéennes *A sinuata* et *A. integrifolia.* Le caractère si peu important et si fugace résidant dans les feuilles roncinées et pennatifides dans l'une, entières ou sinuées dans l'autre, ne peut être admis comme propre à constituer deux espèces distinctes.

LXVII. AMBROSIACEÆ (Linck.)

Xanthium strumarium *L. sp.* 1400. *R.R.R.* — Pont de Ste-Sévère (*Purbeckien*) , près Jarnac.

LXVIII. LOBELIACEÆ (Juss.)

Lobelia urens *L. sp.* 1321. *A. C.* — Landes de Seyaux ; Alloue ; St-Germain (*Terrains granitiques et siliceux*).

On rencontre une variation à fleurs d'un beau rose dans une portion des landes de Soyaux , près le Grand-Lac.

LXIX. CAMPANULACEÆ (Juss.)

Jasione montana *L. sp.* 1317. *C.C.* — Lieux sablonneux ;

Poudrerie ; Basseau , dans les moissons ; les Planes (*Al-luvions anciennes*).

Nous avons les deux variations : 1° Plante hispide, à poils longs et raides ;

2° Plante faiblement poilue et quelquefois glabre.

PHYTEUMA ORBICULARE *L. sp.* 242. *C.C.C.* — Tous nos coteaux arides, dans le calcaire ; chaumes de l'Arche ; La Couronne; la Tourette ; Chante-Grelet; Mouthiers ; Nersac.

Nous partageons l'opinion de M. l'abbé de Lacroix (*nouveaux faits constatés relativement à l'histoire des plantes de la Vienne. Br. ext. des mém. de l'inst. des provinces, p. 3, du tir. à part.*), sur le peu de constance du caractère fondé sur le nombre des stygmates dans le genre *Phyteuma.* Il nous est arrivé ainsi qu'au savant continuateur des travaux de **M.** Delastre, de trouver tantôt deux stygmates, tantôt trois dans les nombreux échantillons de *Phyteuma orbiculare* observés sur nos coteaux calcaires et dans ceux que nous avons cueillis dans des localités étrangères à notre département.

> *Var. ε.* LANCEOLATUM *Gren. et God. fl. de fr. 2. p.* 402. **P.** *lanceolata Vill. dauph. 2. p.* 517. *t* 12. *R.R.* — Prairies marécageuses du cours de l'Houme à Lupsault; moulin de Chantillac ; sur la route de Baignes.

Cette rare variété ne s'est rencontrée jusqu'ici que dans les prairies marécageuses où nous l'avons cueillie; cet habitat tout-à-fait insolite pour le **P.** *orbiculare* qui, dans notre département ne croît que sur les coteaux arides et calcaires, nous avait conduit tout d'abord à penser qu'il avait été entraîné là des co-

teaux secs et arides qui bordent les marais de Lupsault et du
Bouchet; mais après avoir exploré ces coteaux dans tous les
sens, nous n'y avons trouvé aucune trace de *Phiteuma*.

Cette variété, indiquée par **MM.** Grenier et Godron (*loc. cit.*)
dans les prairies élevées du Dauphiné, est une des raretés que
l'on rencontre dans le département de la Charente.

— SPICATUM *L. sp.* 242. *P. spicata. Giboin in.quenot st. ch.
   p.* 38. *R.* — Forêt de la Braconne , près le village de
   Chez-Roby; forêt de Ruffec (*Oxfordien. Portlandien*);
   forêt de Basseau ; St-Michel (*Gardonien. Carentonien*).

SPECULARIA SPECULUM *Alph. D C. prod.* 7. *p.* 490. *Campanula speculum L. sp.* 238. *Giboin in quenot st. ch. p.*
   38. *R. R.* — Moissons de la forêt de Basseau; Puymoyen ;
   moissons des Pendants, près Serres (*Angoumien*).

— HYBRIDA *Alph. D C. prod.* 7. *p.* 490. *A. C.* — Moissons de
   Luxé ; Verdille; Longré (*Oxfordien et Portlandien*);
   l'Arche (*Angoumien*).

CAMPANULA MEDIUM *L. sp.* 236. *Giboin in quenot st. ch. p.*
   38. *A. R.* —Naturalisé sur les vieux murs, les vieux édifices ;
   anciennes prisons d'Angoulême ; église de St-Ausone ; St-
   Pierre ; ruines de l'église St-Cybard ; remparts de la ville.

— GLOMERATA *L. sp.* 235. *C.C.* — Bois secs, coteaux arides ;
   Giget ; Petite-Garenne; forêt de Basseau; à peu près partout.

Moins robuste que dans la variété suivante, nous avons bien
le type, indiqué par **M.** Desmoulins (*cat. Dord. supp. fin. p.*
138), à feuilles assez molles, simulant celles du *Betonica officinalis.*

*Var. &. *FARINOSA *Koch. syn.* 542. *A.C.* — Bois secs et arides; mêmes localités que le type.

Var. ζ. CERVICARIOIDES *D C. prod.* — Cette jolie variété assez
commune, se rencontre dans les grands bois découverts;
forêts de Basseau , de Ruffec.

— TRACHELIUM *L. sp* 235. *C.* — Bois de St-Michel; bois de
Chez-Grelet; St-Marc, sur les rochers.

C'est la variété *&. dasycarpa,* à calice hérissé. Le type à calice glabre ne nous est pas connu dans la Charente.

— ERINUS *L. sp.* 240. *R.* — Terrains sablonneux des Planes;
rochers de St-Roch *(Angoumien)* ; Saint-Michel ; Basseau.

— ROTUNDIFOLIA *L. sp.* 232. *C.C.C.* — Chemins, coteaux
arides, rochers; tout le calcaire.

— RAPUNCULUS *L. sp.* 232. *Giboin in quenot st. ch. p.* 38.
A.C. — Bois de la Poudrerie; Vesnat, près la Cagouillère ; forêt de Basseau *(Gardonien).*

— PATULA *L. sp.* 231. *R.R.R.* — Rochers granitiques sur le
bord de la route de Brillac à Lesterps , tout près de cette
localité.

— PERSICIFOLIA *L. sp.* 232. *A.R.* — Forêt de la Braconne ;
rochers de St-Marc; bois de l'Epineuil, près Vesnat.

Var. &. LASIOCALYX *Gren. et God. fl. fr.* 2. *p.* 420. *A.R.*
— mélangé avec le type.

M. II. Loret *(Bull. soc. Bot. fr.* 6. *p.* 389), observe que
dans la vallée de l'Aude, le type de cette espèce *(calices glabres),* habite généralement les gorges profondes et les lieux frais,

tandis que la variété à tube du calice hérissé de poils blancs préfère les lieux secs et exposés au soleil.

Nous avons observé le type et la variété vivant ensemble dans les mêmes lieux.

Seulement en opposition à ce qui se passe dans la vallée de l'Aude, il est plus général de rencontrer la variété dans les lieux très-humides et ombragés , tandis que le type se plaît dans les localités arides et exposées au soleil.

Wahlenbergia hederacea *Rchb. cent. 5. p. 47. t. 380. f. 673 Campanula hederæfolia. Giboin in quenot st. ch. p. 38. A.R.* — Bords de l'étang de Brillac, le long d'un fossé plein d'eau.

Cette espèce, dans notre département, est particulière aux terrains primitifs.

LXXI. ERICINEÆ (Desv.)

Calluna vulgaris *Salisb. in trans.linn. 6. p. 317. Erica vulgaris. L. sp. 501. Giboin in quenot st. ch. p. 38. C. C.C.* — Bois, landes; partout.

Erica vagans *L. mant. 230. R.R.R.* — Landes de Baignes (*Dordonien*); St-Amant-de-Nouère (Lecler).

— ciliaris *L. sp. 503. P.C.* — Landes de Soyaux , dans un espace restreint; Chantillac; Touvérac.

— tetralix *L. sp. 502. C.C.* — Bois de la Faye, commune de Devial (Lecler); landes de Garde-Epée; tout l'arron-

dissement de Confolens ; bois de Montmoreau (*Dordonien*).

Les échantillons des terrains granitiques sont beaucoup plus
pubescents hérissés, que ceux des autres localités.

— CINEREA *L. sp.* 501. *Giboin in quenot st. ch. p.* 38. *C.C.*
   — Toutes les landes et les bois.

— SCOPARIA *L. sp.* 502. *Giboin in quenot st. ch. p.* 38. —
   Landes du calcaire ; Soyaux ; Puymoyen ; La Couronne ;
   Barillon ; Petite-Garenne ; Petite-Tourette.

LXXIV. LENTIBULARIEÆ (L. C. Rich.)

PINGUICULA LUSITANICA *L. sp.* 25. *D C. fl. fr.* 5. *p.* 405. *De-
launay in Puel et Maille. herb. fl. loc. fr. n°* 45. *A.C.*
   — Landes siliceuses de Touvérac et Chantillac.

UTRICULARIA VULGARIS *L. sp.* 26. *A.C.* — Ste-Sévère, près le
   pont ; les Gours ; Baignes ; Chantillac (*Dordonien*) ; fossés de la Poudrerie ; prairies de Vesnat ; fossés qui bordent
   la Charente (*Portlandien*).

— MINOR *L. sp.* 26. *R.R.* — Petits fossés d'écoulement dans
   les prairies qui bordent l'étang de Brillac (*Schistes cristallins*).

Nous n'avons jusqu'ici rencontré cette espèce indiquée par la
majorité des auteurs et notamment par MM. Grenier et Godron
(*fl. fr.* 2 *p.* 445), comme croissant *surtout* dans les tourbières,
que dans les terrains primitifs ; nous ne l'avons observée que

stérile, quoique nous ayons visité les localités qu'elle habite, à l'époque de sa floraison.

LXXV. PRIMULACEÆ. (Vent.)

HOTTONIA PALUSTRIS *L. sp.* 208. *P.C.* —Villejésus (*Kimmeridgien*); fossés de Vesnat; fossés des prairies, le long de la Poudrerie.

PRIMULA GRANDIFLORA *Lam. fl. fr.* 2. *p.* 248 (1778). *P. veris. α. acaulis L. sp.* 205. *C.C.C.* — Motte de Cherves ; bois de Garde-Epée (*Sables tertiaires*); forêt de la Braconne (*Oxfordien*); forêt de Basseau (*Gardonien*) ; Petite-Garenne (*Angoumien*).

— OFFICINALIS *Jacq. misc.* 1. *p.* 159. *P. veris. Giboin in quenot st. ch. p.* 36. *C.C.C.* — Bords des bois , prairies ; se rencontre partout.

Var. 6. SUAVEOLENS *Gren. et God. fl. fr.* 2. *p.* 448. *P. suaveolens Berth. Journ. bot.* 1813. *p.* 76. *et fl. ital.* 2. *p.* 375. *R. R.* — Forêt de Basseau (*Gardonien*).

Cette variété, signalée par MM. Grenier et Godron (*loc. cit.*) comme essentiellement méridionale, est fort rare dans la Charente. Elle se distingue parfaitement du type par *ses feuilles blanches, tomenteuses en dessous, plus décidément en cœur à la base ; par sa corole dépassant à peine le calice, enflé et vésiculeux ou presque vésiculeux.*

Var. BREVISTYLA (*Nobis*) P. *variabilis Gren. et God. fl.*

fr. 2. p. 448. P. brevistyla D C. fl. fr. 5. p. 383. C.C.
— Mêmes localités que le **P.** *officinalis.*

MM. Grenier et Godron, à l'article concernant le *P. varia-bilis* s'expriment ainsi : *Nous avons abandonné le nom de* **P.** *brevistyla, parce que toutes les espèces ont le style long ou court. Au style long , répondent des étamines placées à la base du tube de la corolle ; au style court, des étamines pla-cées vers le sommet.*

Nous nous étonnons que les savants auteurs aient généralisé d'une manière absolue le plus ou moins de longueur du style, dans *toutes* les espèces du genre *Primula.*

Pour nous , c'est en vain que dans nos espèces de *Primula* Charentaises, au milieu des innombrables échantillons que nous avons examinés un à un, nous avons cherché cette *variante* en dehors du **P.** *officinalis.*

Le rapport qui existe entre les étamines et le style relative-ment à leur insertion à la base du tube ou vers le sommet, est parfaitement vrai, seulement on doit observer : que dans les fleurs à style long, le tube de la corolle est égal dans toute sa longueur, tandis que pour les fleurs à style court, et chez les-quelles les étamines sont insérées au sommet, le tube est très-renflé à partir du point d'insertion.

Nous le répétons, ce caractère se rencontre *uniquement* dans le **P.** *officinalis.*

Nous ne considérons pas comme espèce avec **D C.** (*loc. cit.*), la forme à style court et à tube renflé ; mais nous pensons que ce caractère constant (sans tenir compte des différences nota-bles que nous rencontrons dans les différentes parties de la plante), suffit pour légitimer la création de notre variété qui, peut-être, restera dédaignée mais qui a le droit d'être, tout aussi bien que les nombreuses formes hybrides plus ou moins légitimes, qui dans ce genre comme dans beaucoup d'autres, tendent à embrouiller la nomenclature.

— VARIABILIS *Goupil. an. soc. Linn. Paris.* 1825. *p.* 294. *Lloyd. fl. Loire-Inf.* 209. *Boreau. fl. cent. éd.* 2. *p.* 340. *A.C.* — Bois de la Poudrerie; forêt de Basseau.

C'est bien le véritable *P. variabilis* que caractérise parfaitement M. Lloyd (*fl. de l'Ouest p.* 369) : *hampes multiflores et uniflores sur le même individu.*

Le *P. variabilis,* que MM. Grenier et Godron supposent être un hybride des *P. grandiflora* et *P. officinalis,* au milieu desquels, disent ces savants auteurs (*fl. fr.* 2. *p.* 449), il se trouve *toujours,* ne se rencontre jamais dans notre région qu'en société du *P. grandiflora* dont il se distingue par des caractères bien tranchés.

Sa station diffère complètement de celle du *P. officinalis,* car cette espèce affectionne *surtout* les prairies, quelquefois le bord des bois ombragés et humides; tandis que le *P. variabilis* ne croît que dans les bois découverts et très-rocailleux.

—ELATIOR *Jacq. misc.* 1. *p.* 158. *D C. fl fr.* 3. *p.* 445. *R. R.* — Forêt de Basseau (*Gardonien*); dans les endroits découverts et très-arides.

LYSIMACHIA VULGARIS *L. sp.* 209. *Giboin in quenot st. ch. p.* 36. *C.C.* — Bords des eaux, fossés; tout le cours de la Charente depuis Ruffec.

Varie à feuilles opposées ou verticillées par 3-4.

— NUMMULARIA *L. sp.* 211. *de Rochebrune. in act. soc. Linn. Bordeaux. t. XX. p.* 405. *Giboin in quenot st. ch. p.* 36. *C.C.C.* — Bords des fossés, prairies humides ; Basseau ; Vesnat ; Châteauneuf.

La fructification du *L. nummularia*, dont aucun auteur ne fait mention à notre connaissance, a été pour l'un de nous l'objet d'une note spéciale que nous transcrivons ici *in extenso* (1).

---

(1) « Vers l'année 1850, dans une herborisation aux environs de Paris, je remarquai pour la première fois le *L. nummularia* en fruits ; » mais pressé par les circonstances , je n'eus pas le loisir de l'étudier » d'une manière sérieuse et je classai les échantillons dans mon herbier » sans m'en occuper davantage.

» Depuis lors, je cherchai souvent à m'en procurer, et ce ne fut que » le 25 août 1853 que je fus assez heureux pour rencontrer quelques » pieds fructifères de cette Primulacée, dans la forêt de Basseau , non » loin d'Angoulême.

» Ce sont les fruits recueillis dans cette localité que je vais essayer de » décrire ; mais je crois devoir dire préalablement quelques mots sur la » fleur afin de faire remarquer les divers changements qui s'opèrent » sous l'influence des deux principaux états de la vie de ce végétal.

» Lorsque la fleur ne commence qu'à apparaître, ou comme on le dit » vulgairement , lorsqu'elle est en bouton. les pédicelles des fleurs sont » tous sans exception et constamment de la longueur des feuilles. » Quand la fleur est tout-à-fait développée, on remarque que ces pédi-» celles ont augmenté de longueur et qu'alors ils dépassent tous les » feuilles sous lesquelles, dans le principe, ils semblaient être cachés.

» Ce changement uniforme sur tous les échantillons observés, favorise » sans aucun doute la fructification de la plante en élevant graduelle-» ment au-dessus des herbes environnantes les germes de nouveaux » êtres, pour les exposer peu à peu aux rayons d'une source de chaleur » et de vie , et les soustraire à la dent destructrice de certains gastéro-

Centunculus minimus *L. sp.* 169. *Giboin in quenot st. ch.*
p. 36. *R.R.* — Endroits humides et argileux des landes
de Soyaux.

Anagallis arvensis *L. sp.* 211. *Giboin in quenot st. ch. p.*
36. *C.C.C.* — Dans les jardins, les moissons, champs
sablonneux ; partout.

Var. ε. coerulea *Gren. et God. fl. fr.* 2. *p.* 467. *A. cœru-*

» podes communs dans nos bois, tels que les *Limax agrestis. Ario ater,*
» que l'humidité fait éclore.

» Il est à remarquer qu'à l'époque de la maturité des fruits, le pédi-
» celle augmente encore de longueur. C'est là un caractère constant et
» invariable que le *L. nummularia* partage avec quelques plantes de
» familles éloignées.

» Une particularité, que je crois devoir signaler, est la présence sur
» les feuilles, les pédicelles, los sépales et même sur les pétales, deglan.
» des vésiculaires d'un brun rouge, répandues en très-grand nombre sur
» toutes ces parties : ces glandes renferment une huile essentielle, un
» principe volatil particulier.

» Le filet des étamines est couvert de glandes jaunâtres pédicellées,
» terminées par une tête globuleuse.

» Le fruit du *L. nummularia* est complètement mûr vers le mois
» d'août.

» Ce fruit consiste en une capsule sphérique soudée au tube du calice,
» enveloppée de ses cinq divisions ovales, aigues, cordées à la base. Les
» capsules ont le volume de celles de l'*Anagallis tenella L.* Elles sont
» surmontées du style persistant et s'ouvrent en cinq valves, ovales ai-
» gues. Elles laissent échapper de 8 à 10 graines petites, cunéiformes,
« chagrinées, anguleuses disposées sur un placenta central.

» L'embryon est placé dans un périsperme corné, dirigé parallèle-

lea. Lam. fl. fr. 2. p. 285. et illus. t. 101. Giboin in quenot st. ch. p. 36. C.C.C. — Mélangé avec le type.

Nous ne trouvons aucun caractère tranché, si ce n'est la couleur des fleurs, pour considérer cette plante comme espèce.

— TENELLA *L. mant. 335. D C. fl. fr. 3. p. 432. A.C.* — Marais de l'Houme et du Péré ; St-Michel; Breuly ; Brillac ; Lesterps (*Terrains ganitiques*).

» ment au hile; la radicule se trouve éloignée du hile de la moitié à peu
» près de la longueur de la graine.

» Lors de la déhiscence, les divisions du calice qui avaient jusque-là
» tenu la capsule enveloppée, s'ouvrent, les pédicelles se courbent au
» sommet et font incliner vers la terre les capsules qui s'étaient tenues
« jusqu'alors exposées aux rayons du soleil.

» Dans les différentes localités où j'ai pu observer la plante , j'ai re-
» marqué qu'elle fructifie de préférence dans les lieux peu ombragés et
» que les pieds qui portent les fruits ont une végétation beaucoup moins
» belle que les autres. Les feuilles sont plus petites, jaunâtres : la plante
» a un aspect souffrant.

» Sur les berges des fossés humides qui bordent les prairies des en-
» virons de Châteauneuf, à 12 kilomètres environ d'Angoulême, et où
» le *L nummularia* croît avec un luxe de végétation remarquable, il
» n'offre jamais de fruits; tandis que dans la forêt de Basseau, dans un
» lieu exposé aux rayons du soleil, la plante chétive et souffrante en
» offre un assez grand nombre.

» Il est probable que là, les sucs nourriciers de la plante n'étant pas
» absorbés complètement au profit des feuilles et des tiges qui dans les
» endroits très-humides, acquièrent des proportions considérables , se
» portent avec plus de force vers les ovaires, et contribuent à faire
» prospérer et grandir ces parties si délicates et en même temps si pré-
» cieuses du végétal.

Samolus valerandi *L. sp.* 243. *A.C.* — Ste-Sévère et tout le pays-bas (*Coniacien*) ; marais tourbeux de l'Houme; de Breuly; Vesnat; St-Michel.

LXXVIII. OLEACEÆ (Lindl.)

Fraxinus excelsior *L. sp.* 1509. *Giboin in quenot st. ch.*

» Des observations précédentes, on peut donc conclure que les con-
» ditions nécessaires à la fructification du *L. nummularia* sont : un ter-
» rain légèrement humide, un lieu peu ombragé où puissent arriver de
» temps en temps les rayons solaires.

» On ne doit pas s'étonner de voir des étendues considérables tapis-
» sées par les tiges et les feuilles de cette Primulacée et de la voir se re-
» produire avec tant de rapidité, lorsqu'on trouve à peine quelques
» fruits. Les tiges *radicantes dans toute leur longueur* et à chaque arti-
» culation, implantent dans le sol leurs fibres radicales et donnent ra-
» pidedement naissance à de nouveaux pieds.

» Le *nummularia* fait en ceci ce que font une foule d'autres plantes
» dont il est facile de suivre et d'observer la végétation au milieu même
» de nos jardins.

» Je termine en donnant une description détaillée de la plante qui fait
» le sujet de cette note.

Lysimachia nummularia (*L. sp.* 211).

» Tiges de 1-4 décimètres, couchées, *radicantes dans toute leur lon-*
» *gueur à chaque articulation ;* simples ou rameuses, glabres Feuilles
» brièvement pétiolées, opposées ovales suborbiculaires, glabres, cou-
» vertes, ainsi que les tiges et les sépales, de glandes vésiculaires rou-

p.36. **A.C.** — Bords des champs, des chemins et des
prairies ; à peu près partout.

— OXYPHYLLA *Var.* α. OBTUSA *Bieb. taur.* 2. *p.* 450. A.C.—
Mélangé avec l'espèce précédente.

Var. ε. ROSTRATA *F. rostrata Guss. pl. rar.* 374. *t.* 64.
A.C. — Également avec les espèces précédentes, surtout
à Hurtebise ; St-Michel ; St-Marc ; et le long des ruis-

» geâtres. Fleurs solitaires, assez grandes, d'un jaune doré, naissant à
» l'aisselle des feuilles, à pédicelle *égalant* ou *dépassant* les feuilles ,
» *suivant le degré d'accroissement;* pétales couverts comme les feuilles
» de glandes vésiculaires ; pédicelles se courbant au sommet après la
» maturité des fruits; calice à cinq divisions ovales aigues, cordées à
» la base, étamines à filets soudés seulement à la base, présentant sur le
» filet des glandes pédicellées, globuleuses et jaunâtres.

» Capsule sphérique, soudée à la partie inférieure au tube du calice
» qui l'enveloppe de ses cinq divisions , surmontée du style persistant,
» s'ouvrant en cinq valves de haut en bas et contenant de 8 à 10 grai-
» nes petites, cunéiformes anguleuses, noirâtres, grossièrement chagri-
» nées, rugueuses au toucher, disposées sur un placenta central, globu-
» leux et charnu.

» Embryon placé dans un périsperme corné, dirigé parallèlement au
» hyle ; radicule éloigné du hyle de la moitié environ de la longueur
» de la graine; cotylédons au nombre de deux, ovales lancéolés. —
» Vivace. fl. juin, juillet ; fr. août, septembre. »

Angoulême, 25 août 1854.

A. T. DE ROCHEBRUNE.

*Extrait des actes de la société Linnéenne de Bordeaux. tome XX.
Deuxième série, tome X, 4e livraison du 1er octobre 1855, page 105 et
suivantes, avec planche*

seaux de l'Anguienne et des chemins de la commune de
St-Yrieix.

Nous pensons que l'habitat indiqué pour le *F. oxyphylla* et
ses variétés, dans la flore de MM. Grenier et Godron, ne doit
pas être considé comme absolu, leur présence dans la Charente
et dans la Charente-Inférieure, où nous les avons rencontrés,
en est une preuve certaine.

LIGUSTRUM VULGARE *L. sp.* 10. *Giboin in quenot st. ch. p.*
36. *C.C.C.* — Partout dans les haies, les buissons, les
bois.

Souvent planté dans les jardins et les haies des avenues à
cause de ses grappes de fleurs blanches et odorantes.

LXXX. APOCYNACEÆ (Lindl.)

VINCA MINOR *L. sp.* 304. *Giboin in quenot. st. ch.*
p. 38. *C.C.C.* — Bois de la Poudrerie ; forêt de Basseau (*Gardonien*); de la Braconne (*Portlandien*).

Malgré nos recherches nous n'avons pu parvenir à rencontrer cette plante en fruits.

— MAJOR *L. sp.* 304. *Giboin in quenot st. ch. p.* 38. *A. R.*
— Buissons des Bretonnières ; dans un petit bois le long
d'un mur du cimetière de Bardinnes.

Bien réellement spontanée dans notre département, cette espèce n'y fructifie que très-rarement. Nous en avons recueilli
un assez bon nombre en parfait état au printemps dernier, à

la suite d'un hiver très rigoureux pendant lequel le *V. major* avait eu beaucoup à souffrir.

Tous les pieds fructifiés que nous avons observés présentaient constamment deux follicules bien développés contrairement à l'opinion des auteurs de la Flore de France, dans les caractères assignés au genre *Vinca* ; follicules 2. (*Un par avortement*). (*fl. de fr. 3. p. 477*).

LXXXI. ASCLEPIADEÆ (R. Br.)

Vincetoxicum officinale *Mœnch. meth. 717. Asclepias vincetoxicum. Giboin in quenot st. ch. p. 38. C. C.C.* — Chaumes arides, coteaux calcaires ; l'Arche ; chaumes de Crages , de La Couronne ; forêt de Ruffec, endroits arides.

— laxum *Gren. et God. fl. fr. 2. p. 480. Cynanchum laxum Bartl. in Koch. tasch. 250.* — St-Marc ; Hurtebise ; endroits herbeux et ombragés.

Moins commun que le précédent avec lequel il a été longtemps confondu et dont il se distingue (*Gren. et God. loc. cit.*) *par sa corolle à divisions oblongues , réfléchies sur les bords ; par ses feuilles oblongues lancéolées, longuement acuminées, en cœur à la base ; par ses tiges plus grêles.*

LXXXII. GENTIANACEÆ (Lindl.)

Erythræa pulchella *Horn. fl. dan. t. 1637. Chironia pul-*

chella. Swartz. act. Holm. 1783. *t. 3. f.* 8-9. (*Nomen antiquius*). A.C. — Prairies tourbeuses de Basseau ; Vesnat ; marais de Breuty ; le Gouffre de la Touvre, près Magnac.

— CENTAURIUM *Pers. syn.* 1. *p.* 283. *Gentiana centaurium. L. sp.* 332. *C.C.* — Bois de la Poudrerie ; l'Epineuil ; Vesnat ; forêt de Ruffec.

Cette espèce ne croît jamais dans notre département, dans les prairies et les lieux humides, que MM. Grenier et Godron (*fl. fr.* 2. *p.* 485), lui assignent pour station ; elle est exclusive aux lieux arides des bois.

CICENDIA FILIFORMIS *Delarbre. fl. Auv.* 1. *p.* 20, *Gentiana filiformis L. sp.* 335. *Chironia filiformis Giboin in quenot st. ch. p.* 38. *R.R.R.* — Sur les bords d'un étang à sangsues, appelé le Gassouil-des-Canes, dans les landes de Touvérac et Chantillac (*Sables tertiaires*).

— PUSILLA *Griseb. gent.* 1839. *p.* 157. *et in D C. prod.* 9. *p.* 64. *A.R.* — Mêmes localités que l'espèce précédente, et allées humides de la forêt de Ruffec.

— CANDOLII *Griseb. gent.* 1839. *p.* 157. *C. pusilla Gren. et God. fl. fr.* 2. *p.* 487. *R.* — Landes de Soyaux, dans les lieux où l'eau séjourne l'hiver.

Le *C. candolii*, aux yeux de MM. Grenier et Godron, ne constitue pas même une variété, et ils pensent avec M. Boreau que ce n'est qu'un état plus développé, plus allongé de la plante. L'humidité ou la fertilité du sol sont *probablement* les causes de cette variation.

L'incertitude des causes qui peuvent influer sur les *Cicendia*, et donner aux deux espèces, adoptées et décrites par MM. Grisebach , Bastard , Desvaux et Candolle, une forme différente d'après les deux savants floristes, peut facilement être tranchée par les échantillons angoumiens.

En effet, *l'humidité où la fertilité du sol*, pour nous servir de l'expression même des auteurs précités, n'influe en rien sur ces deux plantes, attendu qu'elles croissent dans des conditions identiques.

Lieux humides des terrains tertiaires pour le *C. candolii* (*Landes de Soyaux*).

Bords des étangs des terrains tertiaires pour le *C. pusilla* (*Landes de Chantillac et Touvérac*).

Et cependant, malgré cette concordance, cette identité d'habitat, les échantillons diffèrent notablement.

Nous ne croyons pas, malgré l'avis de M. Desmoulins (*cat. Dord. supp. fin. p. 148*), et M. Grisebach, qu'il faille laisser complètement de côté toute considération tirée de la couleur des fleurs, surtout lorsqu'à ce caractère viennent s'en ajouter d'autres.

Cependant nous ne lui accordons pas plus de valeur qu'il ne mérite.

En revenant à la forme qui, comme nous l'avons dit, n'est point due à l'influence du sol, nous ne pouvons mieux faire que d'emprunter au savant auteur du catalogue de la Dordodogne, les phrases par lesquelles il caractérise les deux espèces.

C. pusilla. Plante rameuse *dès le collet ;* à rameaux *filiformes et excessivement divariqués.*

C. candolii. Plante très-rameuse tout le long de la tige, mais à rameaux *dressés* ou ouverts et *non divariqués ;* plus robuste, plus glauque et plus grande dans toutes ses parties.

CHLORA PERFOLIATA *L. mant.* 10. *Gentiana perfoliata L. sp.* 335. *C.C.C.* — Chaumes, coteaux, bois arides : St-Marc ; Hurtebise ; Espagne ; Dignac ; Lavallette (*Oxfordien. Coniacien*).

GENTIANA PNEUMONANTHE *L. sp.* 330. *P. C.* — Marais tourbeux de Breuty ; de l'Houme ; Mouthiers ; La Couronne ; marécages de la Faye, près Barbezieux et St-Amant-de-Nouère (LECLER).

MENYANTHES TRIFOLIATA *L. sp.* 208. *Giboin in quenot st. ch. p.* 36. *R.R.* — Ruisseau de l'Houme, au-dessous de Villejésus (*Kimmeridgien*); étang près le cimetière de Brillac (*Granit*).

Le *Menyanthes,* dans cette dernière localité, croît avec beaucoup de vigueur, ce qui tend à prouver que cette plante affectionne de préférence les terrains granitiques.

LXXXIV. CONVOLVULACEÆ (Vent.)

CONVOLVULUS SEPIUM *L. sp.* 218 *Giboin in quenot st. ch. p.* 38. *C.C.* — Haies, buissons, bords des eaux ; partout.

Varie quelquefois à fleurs roses.

— ARVENSIS *L. sp.* 218. *Giboin in quenot st. ch. p.* 38. *C.C. C.* — Partout.

— **CANTABRICA** *L. sp.* 225. *C.C.* — Coteaux calcaires du département, qu'il couvre d'un tapis de fleurs roses ; chaumes des environs d'Angoulême , La Couronne (*Angoumien*) ; forêt de la Braconne (*Portlandien*) ; Jauldes ; Agris (*id*) ; Cognac (*Coniacien*) ; Châteauneuf (*Carentonien*).

CUSCUTA EPITHYMUM *L. syst. Murr.* 140. *C.C.* — Chaumes de l'Arche ; de l'Epineuil ; de Chante-Grelet ; croît sur toutes les plantes environnantes , mais de préférence sur les *Thymus serpillum* et *Phitheuma orbiculare.*

— **TRIFOLII** *Babingt. et Gibs. phyt.* 1. *p.* 467. *A.C.* — Prairies artificielles ; Basseau ; Fissac, près Ruelle.

LXXXVI. BORRAGINEÆ (Juss.)

BORRAGO OFFICINALIS *L. sp.* 197. *Giboin in quenot st. ch. p.* 38. *A.R.* — Moissons de Basseau (*Gardonien*) ; champs de Syllac (*Angoumien*) ; moissons des bords de la Charente, près Ste-Barbe.

SYMPHYTUM OFFICINALE *L. sp.* 195 *Giboin in quenot st. ch. p.* 38. *P.C.* — Bords de la Charente, à St-Cybard ; Châteauneuf ; Vibrac ; Rouillac ; bords de la Nouère (**LECLER**) ; St-Cybardeaux.

— **TUBEROSUM** *L. sp.* 195. *Giboin in quenot st. ch. p.* 38. *R.R.R.* — Environs de La Vallette ; bords des fossés humides, près Ronsenac.

ANCHUSA ITALICA *Retz. obs.* 1. *p.* 12. *Giboin in quenot st. ch. p.* 38. *C.C.C.* — Moissons, champs des terrains calcaires.

— ARVENSIS *Bieb. taur. cauc.* 1. *p.* 123. *Lycopsis arvensis L. sp.* 199. C.C. Mais moins que le précédent. — La Terne; Luxé; Syllac: les Planes; Châteauneuf.

LITHOSPERMUM PURPUREO-CÆRULEUM *L. sp.* 190. A.C. —Bois ombragés; Poudrerie; Basseau; forêt de Ruffec; Petite-Garenne, près Angoulême; Jarnac (*Portlandien*).

— OFFICINALE *L. sp.* 189. *Giboin in quenot st. ch.* p. 37. A.C. — Bords des chemins, décombres.

— ARVENSE *L. sp.* 190. *Giboin in quenot st. ch. p.* 37. C.C.C. — Moissons et champs des terrains calcaires; partout.

ECHIUM ITALICUM *L. sp.* 139. *E. pyrenaicum Desf. atl.* 1. *p.* 164. R.R.R. — Cette espèce méridionale ne croît, à notre connaissance, que sur les talus du chemin de fer près La Couronne. Y aurait-elle été apportée lors de l'établissement du chemin de fer d'Angoulême à Bordeaux? Les renseignements nous manquent pour résoudre cette question.

— VULGARE *L. sp.* 200. *Giboin in quenot st. ch. p.* 37. C.C.C. — Vieux murs, champs, prairies, décombres; partout.

PULMONARIA ANGUSTIFOLIA *L. fl. suec. éd.* 2. *p.* 58. *P. officinalis Giboin in quenot st. ch. p.* 37. C.C. — Dans tous nos bois.

C'est bien le *P. angustifolia L.* dont les caractères se rapportent à nos échantillons angoumiens. Le véritable *P. officinalis L.* n'a pas été trouvé que nous sachions dans la Charente.

Le plus ou moins de longueur du style ainsi que l'insertion des étamines, insertion qui se trouve en rapport avec la longueur des styles, que MM. Grenier et Godron attribuent au *P. angustifolia* ainsi qu'au *P. tuberosa* (*fl. fr.* 2. *p.* 527), ne nous est pas connu, nous l'avons vainement cherché.

Myosotis palustris *Wither. arr. Brit.* 2. *p.* 225. *Giboin in quenot st. ch. p.* 38. *C.* — Bords des eaux ; Vesnat ; Basseau ; tout le cours de la Charente.

— lingulata *Lehm. asp.* 110. (1818). *M. cœspitosa Schultz. fl. starg. suppl. p.* 11. (1819). *P.C.* — Fossés ; eaux dormantes, près le pont de Sainte-Sévère, et le long du cours de la Soloire.

— sicula *Guss. syn.* 1. *p.* 214. *R. R.* — Marécages de la Charente, près le pont Saint-Cybard, sous Angoulême.

— hispida *Schlecht. mag. nat. Berl.* 8. *p.* 229. *Giboin in quenot. st. ch. p.* 38. *C. C. C.* — Partout.

— intermedia *Link. enum. hort. berol.* 1. *p.* 164. *P. C.* — Bois humides et ombragés ; Vesnat (*Oxfordien*) ; l'Epineuil (*Portlandien*) ; les Bretonnières (*Carentonien*) ; Ruffec.

Echinospermum lappula *Lehm. asp. p.* 121. *Myosotis lappula L. sp.* 189. *P. C.* — Le Gravier, commune des Gours ; Mansle ; Luxé (*Oxfordien*) ; Segonzac ; Baignes ; Syllac ; Fléac (*Kimmeridgien*) ; St-Saturnin.

Cynoglosum pictum *Ait. hort. kew. éd.* 2. *t.* 1. *p.* 291. *A. C.* — Syllac ; Basseau (*Gardonien*) ; le Grand-Girac ; l'Oisellerie ; Vesnat.

— officinale *L. sp.* 192. *Giboin in quenot st. ch. p.* 38. *R. R. R.* — Décombres près Puymoyen (*Carentonien*) ; La Courade, commune de Mareuil (*Portlandien*) ; dans le cimetière d'Oradour-Chillé.

Heliotropium europæum *L. sp.* 187. *A.C.* — Saint-Angeau,
près Mansle (*Oxfordien*), (Lecler). Syllac; les Planes;
les Lamberts (*Sables tertiaires*).

LXXXVII. SOLANEÆ (Juss.)

Lycium barbarum *L. sp.* 192. *L. europæum Gouan. hort.
monsp.* 111 (*non L.*) *et Giboin in quenot st. ch. p.* 37.
R. — Aux pieds des remparts d'Angoulême; sur les rochers.

Cette espèce paraît être spontanée dans les lieux qu'elle habite.

— sinense *Lam. dict.* 3. *p.* 509 *et illust. tab.* 112. *f.* 2. *R.
R. R.* — Bois des Bretonnières, près Roullet.

Croît au milieu des broussailles dans un lieu humide où bien
certainement il n'a jamais été semé.

Solanum nigrum *L. sp.* 266. *A. R.* — Jardins, champs cultivés, bords des chemins; Lunesse; l'Epineuil; les Argentiers.

— ochroleucum *Bast! journ. bot.* 3. *p.* 20. *S. nigrum.* ε.
chlorocarpum. Spenn. fl. frib. 1704. *Gren. et God. fl.
fr.* 2. *p.* 543. *A. C.* — Jardins et champs sablonneux de
Lunesse; les Mérigots; chemin de Ruelle à Villement;
champ d'épreuve de la fonderie de Ruelle; coteau des
Boissières, près Saint-Mary (Lecler); Basseau; les Planes (Détoc).

MM. Grenier et Godron ne sont pas bien fixés sur la légitimité ou la non-valeur des espèces dérivés du *S. nigrum*, et dont le principal caractère réside dans la couleur des fruits.

Ils ne trouvent pas de caractères bien tranchés pour distinguer comme espèces les formes qu'ils indiquent (*fl. fr. loc. cit.*), cependant, disent les savants auteurs, il est certain que ces formes se reproduisent de graines ; mais ajoutent-ils, comme ces plantes végètent principalement dans les jardins et les vignes, et *sont par conséquent soumises à l'influence de la culture*, elles ne sont *peut-être* que des formes du *S. nigrum*.

Pour nous, le *S. ochroleucum* est bien distinct du *S. nigrum*.

Quant à la présence dans les cultures du *S. nigrum* et des espèces dérivées, ou simples formes, comme on voudra, formes que les auteurs de la Flore de France semblent attribuer à l'influence de cette culture, elle ne peut ni ne doit influer en rien sur les caractères.

En effet, dans les jardins où croissent le plus souvent ces espèces (jardins maraîchers le plus ordinairement), la forme à fruits noirs, par exemple, le *S. nigrum* produit toujours des fruits noirs ; la forme à fruits jaunes *S. ochroleucum* produit toujours des fruits jaunes ; et si l'influence de la culture y était pour quelque chose dans ces deux espèces, on observerait des passages progressifs d'une couleur à l'autre, ce qui n'arrive jamais.

Disons plus, pourquoi si l'influence de la culture (et remarquons-le bien d'une culture en quelque sorte étrangère à la plante sur laquelle on veut qu'elle influe) avait quelque puissance sur le genre *Solanum*, n'en aurait-elle pas également sur les autres plantes, dont l'existence est inhérente aux terres cultivées ? On devrait bien certainement trouver également dans celles-ci des variations nombreuses, et nous ne pensons pas que cela existe.

Ce qui se passe chez une espèce, chez un genre même, soumis à des conditions identiques à celles auxquelles une autre espèce ou un autre genre est soumis, devrait conduire aux mêmes résultats, et la nature qui suit toujours des règles invariables, *même dans ses anomalies*, ne saurait faire exception à ces règles seulement pour le genre *Solanum*.

Nous le répétons, selon nous, la culture indirecte que reçoit une plante essentielle, inhérente aux cultures ne peut influer sur elle.

De plus, nous avons semé, *cultivé* des graines de *S. nigrum* et de *S. ochroleucum*, et quelqu'aient été les conditions auxquelles ont été soumis les produits obtenus, nous avons toujours vu les graines du *S. nigrum* produire des fruits noirs, et celles du *S. ochroleucum* des fruits jaunâtres.

— DULCAMARA *L. sp.* 266. *Giboin in quenot st. ch. p.* 37. A. C. — Haies, bords des eaux, lieux humides; St-Michel; Châteauneuf; îles de Roffit.

PHYSALIS ALKEKENGI *L. sp.* 262. *Giboin in quenot st. ch. p.* 37. C. C. C. — Vignes d'Aigre; Ruelle; Ruffec. Abonde dans les vignes de la formation jurassique, il est au contraire très-rare dans la Craie; les Bretonnières, près Roullet.

DATURA STRAMONIUM *L. sp.* 255. *Giboin in quenot st. ch. p.* 37. P.C. — Terrains sablonneux; les Lamberts; les Planes, près St-Cybard; St-Angeau (*Oxfordien*) (LECLER).

— TATULA *L. sp.* 256. *D. Stramonium var.* 6. *chalibea*

Koch. syn. 586. *et Gren. et God. fl. fr.* 2. *p.* 546. —
Cette espèce, rare dans notre département, a été découverte
par M. Détoc , dans un champ sablonneux , près Loup-
Mellet.

Elle est considérée par la majorité des Botanistes comme
une variété du *D. stramonium ;* elle se distingue de ce dernier
par toutes ses parties d'un beau violet.

M. Alph. de Candole (*Biblioth. univers. de Genêve , no-
vembre* 1854), considère le *D. stramonium* comme originaire
des environs de la mer Caspienne, tandis que le *D. tatula* le
serait d'Amérique, ce qui d'après M. Desmoulins (*cat. Dord.
supp. fin. p.* 157) conduirait à penser qu'il y a bien deux espèces distinctes.

Hyoscyamus niger *L. sp.* 457. *Giboin in quenot st. ch. p.*
37. *P. C.* — Cognac; Luxé; Rouillac (Lecler); les
Planes (Détoc).

Cette plante, rare dans la Charente, abonde dans la Charente-
Inférieure où elle couvre de vastes surfaces.

LXXXVIII. VERBASCEÆ (Bartl.)

Verbascum thapsus *L. fl. suec.* 69. *Giboin in quenot st. ch.
p.* 37. *P. C.* — Sables tertiaires de la Poudrerie, derrière
le mur d'enceinte.

— thapsiforme *Schrad. monogr.* 1. *p.* 21. *A. C.* - Décombres; bords des chemins; St-Marc; Basseau.

— phlomoides *L. sp.* 253. *Giboin in quenot st. ch. p.* 37.

P. C. — Poudrerie ; carrières de Bonpart et de l'Isle-d'Espagnac (*Angoumien et Carentonien*).

— SINUATUM *L. sp.* 254. *R. R.* — Bords de la Marchadène, près Brillac (*Schistes cristallins*).

— PULVERULENTUM *Vill. Dauph.* 2. *p.* 490. *V. floccosum Waldst. et Kit. pl. rar. hung.* 1. *p.* 81. *tab.* 79. *P. C.* — Décombres près Saint-Michel, sur la route de Château-neuf ; carrière et chaumes de l'Isle-d'Espagnac (DÉTOC).

— LYCHNITIS *L. sp.* 253. *C. C. C.* — Partout.

MM. Grenier et Godron (*fl. fr.* 2. *p.* 552), dans la description qu'ils donnent de cette plante, lui assignent : fleurs tantôt jaunes (*V. micranthum, Moretti, pl. ital. dec.* 3. *p.*6.), tantôt blanches (*V. leucanthemum, Léon Dufour!*)

Nous pensons que ces deux variations peuvent constituer deux variétés, car elles présentent d'autres caractères différentiels que ceux que l'on pourrait tirer des fleurs. Nous les désignerons ici sous les noms de *S. lychnitis. Var. micranthum et Var. leucanthemum.*

Var. α. MICRANTHUM (*Nobis*). *V. micranthum Moretti. loc. cit.* — *Corolles jaunes ; feuilles d'un vert noirâtre en dessus, non pubescentes, fortement tomenteuses jaunâtres en dessous ; tiges légèrement sillonnées, anguleuses dans le haut.*

Var. β. LEUCANTHEMUM (*Nobis*). *V. leucanthemum, Léon Dufour!* — *Corolles blanches ; feuilles d'un vert pâle en dessus, très-brièvement tomenteuses, blanches en dessous ; tiges fortement anguleuses.*

On rencontre assez fréquemment une forme du *V. lychnitis*, à calices renflés vésiculeux.

Cette forme fleurit et fructifie parfaitement.

— NIGRUM *L. sp.* 253. *Giboin in quenot st. ch. p.* 37. A.C.
   — Cimetière de Fouqueure; Salles; rochers au bas d'Angoulême; sables tertiaires de la Poudrerie; Fléac; Saint-Marc; St-Angeau (LECLER).

On observe une forme *Simplex* à tige droite non rameuse; à fleurs plus grandes et à capsules 1/3 plus grosses que dans le type. Cette forme est beaucoup plus commune que la forme rameuse.

Nous avons cueilli, il y a quelques années, dans les environs de Vars, non loin de St-Amant-de-Boixe, une forme particulière de *V. Nigrum*. Nous croyons devoir donner la description du seul échantillon que nous avons rencontré.

3-4 feuilles radicales, étalées à terre, longuement pétiolées. lancéolées, échancrées en cœur à la base, accompagnées d'un grand nonbre d'autres feuilles lancéolées, linéaires, minces, pellucides; tige de 4 décimètres, rameuse dès labase, offrant une vaste panicule pyramidale couverte de nombreux rameaux appliqués, capillaires, et de feuilles lancéolées linéaires, semblables aux feuilles radicales. Calice à divisions très-petites, linéaires, aigues, faiblement tomenteuses. Corolle de 15-20 millimètres de large, plane à divisions au nombre de 6 étalées, profondes, d'un beau vert. Du centre de cette corolle, qui contient de 4-6 étamines parfaitement conformées, s'élève une petite hampe filiforme feuillée, subdivisée en petits rameaux portant chacun une fleur semblable à celle décrite précédemment, et supportant le même système de hampes et de rameaux. La dernière fleur terminale est de 5 millimètres de large et surmontée d'une petite houppe de feuilles.

Cette monstruosité rare et remarquable, mérite d'attirer l'attention des personnes qui se livrent à l'étude de la Tératologie végétale.

Nous nous bornons à exposer les faits tels qu'ils sont, et nous laissons à d'autres le soin d'en donner l'interprétation.

Nous dirons seulement que nous ne voyons là qu'un cas fort rare chez le genre *Verbascum*, une monstruosité. Peut-être quelque *hybridomane y verrait-il une espèce particulière* ; mais nous pensons qu'il serait difficile de spécifier les *auteurs* de ce singulier produit.

— BLATTARIA *L. sp.* 254. *C.C.C.* — Bréville; tout le pays-bas (*Coniacien*); Mansle (*Oxfordien*) ; forêt de Basseau, bords des chemins.

— VIRGATUM *With. arrang. p.* 250. *C.* — Mais moins que le précédent avec lequel il habite.

LXXXIX. SCROPHULARIACEÆ (Benth.)

SCROPHULARIA VERNALIS *L. sp.* 864. *R.R.R.* — Cette espèce très-rare, surtout pour l'Ouest et le Centre de la France, se rencontre en abondance sur les rochers à pic au bas des remparts d'Angoulême, sous la promenade du Petit-Beaulieu.

C'est la seule localité que nous lui connaissions.

— nodosa *L. sp.* 863. *Giboin in quenot st. ch. p.* 37. P.C.
— Forêt de Basseau ; St-Michel ; forêt de Ruffec.

— aquatica *L. sp.* 864. *Giboin in quenot st. ch. p.*37. *S. balbisii*, *Hornm. hort. hafn.* 2. *p.* 577. — Bords des fossés, prairies humides ; partout.

MM. Grenier et Godron regardent cette espèce comme le véritable *S. aquatica L.* Nous ne pouvons également rapporter notre plante qu'à cette espèce, car elle concorde parfaitement avec la diagnose Linnéenne, surtout par ses feuilles en cœur.

M. Desmoulins *(cat. Dord. in act. soc. Linn. de Bordeaux, t. XI. p.* 172. dit que le véritable *S. aquatica* ne croît *peut-être pas* en France ; l'opinion généralement adoptée aujourd'hui par tous les Botanistes est contraire à cette manière de penser.

Antirrhinum orontium *L. sp.* 860. *A.C.* — Moissons sablonneuses ; les Planes ; le Fouilloux, près Larochefoucauld ; Ruffec *(Oxfordien et Portlandien)* ; moissons d'Alloue ; Brillac *(Granit et Lias inférieur)*; St-Angeau (Lecler).

— majus *L. sp.* 859. *Giboin in quenot st. ch. p.*37. *A.C.* — Vieux murs, vieux édifices ; décombres dans une prairie de St-Cybard.

Linaria spuria *Mill. dict. n°* 15. *Giboin in quenot st. ch. p.* 37. *A. C.* — Moissons , décombres , champs cultivés et bords des chemins.

— elatine *Desf. atl.* 2. *p.* 37. P. . — Champs des Argentiers ; chemin de la Pierre ; Ruffec ; Châteauneuf.

— vulgaris *Mœnch. meth.*524. *Giboin in quenot st. ch. p.* 37. *A.C.* — Cognac, près le pont neuf ; Champagnon, près de Segonzac (*Coniacien*); Basseau (*Gardonien*); les Planes; Ruffec, où il est très-rare.

— PELISSERIANA *D C. fl. fr.* 3. *p.* 589. *Giboin in quenot st. ch. p.* 37. *R.R.* — Nous n'avons rencontré cette charmante espèce que dans les moissons du Fouilloux, tout près du bourg d'Agris.

MM. Grenier et Godron (*fl. fr.* 2. *p.* 567), donnent à cette espèce des graines *discoïdes, lisses, largement bordées, et entourées d'un cercle de cils aussi longs que la marge.* Cette description ne rend pas exactement l'état des graines du *L. pelisseriana.*

Une description très-exacte des graines de cette plante est donnée par le savant auteur du catalogue de la Dordogne (*in act. soc. Lin. de Bordeaux t. XI. p.* 275). Voici cette description :

Semina suborbicularia, plana (toto disco punctis minutissimis exasperato); ala angusta (vix quartam disci partem adæquante), primum subirregulariter lacerâ (et tunc alba), demum in cilia plana, æqualia (nunc concoloria apice crispula) cincta.

C'est le seul *Linaria* Charentais, nous pouvons dire le seul Français chez lequel nous ayons observé des graines entourées d'une bordure de cils. Le *L. arvensis,* l'espèce la plus voisine de la précédente, a des graines *convexo concaves* et non *plana,* comme le dit M. Koch.

— ARVENSIS *Desf. all.* 2. *p.* 45. *R.R.* — Champs du Fouilloux, près Larochefoucauld (*Oxfordien*).

— SPARTEA *Hoffm. et Link. fl. lusit.* 233. *t.* 36. *R.R.*—Moissons

de Vesnat, près St-Yrieix ; champs du village de Chez-
Grelet, près les Halliers.

— STRIATA *D C. fl. fr.* 3. *p.* 586. *C.C.C.* — Champs, chemins, rochers, décombres ; partout.

Var. γ. GRANDIFLORA *Godr. fl. Lorr.* 2. *p.* 146. *L. striata*
var. ε. *ochroleuca. Coss. et Germ. fl. par. p.* 297. *R.*
R.R. — Nous avons rencontré cette rare variété le long de
la route du Chemin-Vert, près la Colonne, au bas d'Angoulême ; aux pieds des remparts d'Angoulême (LECLER).

— SUPINA *Desf. atl.* 2. *p.* 44. *C.C.C.* — Vieux murs,
champs sablonneux, moissons ; partout.

— MINOR *Desf. atl.* 2. *p.* 46. *C.C.C.* — Partout.

GRATIOLA OFFICINALIS *L. sp.* 24. *R.* — Bords de la Vienne,
près le pont de St-Germain, sur les graviers et parmi les
herbes que les fortes eaux recouvrent.

VERONICA TEUCRIUM *L. sp.* 16. *A.C.* — Pelouses arides des
bois ; bois des Lamberts, près Angoulême ; Basseau ;
chaumes près Ruffec (*Gardonien et Oxfordien*).

Var. α. LATIFOLIA *V. latifolia L. sp.* 18. *P.C.* — Bords
de la Charente au milieu des grandes herbes, près Roffit
et le Gond.

— PROSTRATA *L. sp.* 17. *R.* — Pelouses arides et sablonneuses
des bois de Bardines, les Planes et l'Epineuil (*Portlandien*).

— CHAMÆDRYS *L. sp.* 17. *Giboin in quenot st. ch. p.* 36. *C.*
C.C. — Prairies, bords des chemins, bois ombragés ;
partout.

— BECCABUNGA *L. sp.* 16. *Giboin in quenot st. ch. p.* 36. *C. C.C.* — Fossés ; partout.

— ANAGALLIS *L. sp.* 16. *Giboin in quenot st. ch. p.* 36. *A. C.* — Longré ; tout le cours de l'Houme ; la Soloire ; Brillac ; St-Germain *(Granitique)*.

— ANAGALLOIDES *Guss. ic. rar. p.* 5. *t.* 3. *et syn. Sic.* 1. *p.* 16. *R.* — Fossés d'irrigation des prairies, au bas de St-Martin.

Cette espèce, regardée comme mauvaise par certains botanistes, se distingue du *V. anagallis* : par sa corolle blanchâtre, ses feuilles étroitement lancéolées, sublinéaires, entières. (*Gren. et God. fl. fr. p.* 589).

— SCUTELLATA *L. sp.* 16. *A.C.* — Forêt de Jarnac (*Purbeck.*), St-Germain *(Schistes cristallins)*; Brillac (*Granit*) ; fossés de Vesnat et de la Poudrerie *(Portlandien)*.

— OFFICINALIS *L. sp.* 14. *Giboin in quenot st. ch. p.* 36. *P. C.* — Bois sablonneux ; forêt de Basseau ; forêt de Ruffec ; champs arides de St-Michel.

— SERPYLLIFOLIA *L. sp.* 15. *A. R.* — Forêt de Basseau, dans les chemins humides; prairies près la Poudrerie ; forêt de Ruffec.

— ARVENSIS *L. sp.* 18. *C. C. C.* — Champs; moissons; partout.

— VERNA *L. sp.* 19. *A. C.* — Lieux sablonneux, moissons des Lamberts; Ruffec; Basseau; Saint-Yrieix; Vesnat.

— ACINIFOLIA *L. sp.* 19. *R. R.* — Moissons de Ruffec, près Condac ; motte de Cherves; Auge; Verdille.

— AGRESTIS *L. sp.* 18. *A. C.* — Les Bretonnières, près Roullet; Verdille; Luxé, près la chaussée du chemin de fer. — Les fleurs sont blanches ou très-rarement teintées de bleu clair.

— HEDERÆFOLIA *L. sp.* 19. *Giboin in quenot st. ch. p.* 36. *C. C. C.* — Partout, surtout dans les vignes et les jardins.

DIGITALIS PURPUREA *L. sp.* 866. *Giboin in quenot st. ch. p.* 37. *C. C.* — Dans tout l'arrondissement de Confolens.

Cette plante dans notre département est particulière aux terrains granitiques, de même que l'espèce suivante l'est aux terrains de craie proprement dite. Elle ne s'éloigne *jamais* de ces stations.

— LUTEA *L. sp.* 867. *Giboin in quenot st. ch. p.* 37 *A. C.* —Saint-Marc; Hurtebise; Dirac; bois de La Tranchade; bois près l'acquéduc des Coutaubières, non loin de Mouthiers.

EUPHRASIA OFFICINALIS *L. sp.* 841. *Giboin in quenot st. ch. p.* 36. *C. C. C.* — Bois et coteaux arides; Petite-Garenne; Vesnat.

Var. α. GRANDIFLORA *Soyer-Will. mem. soc. Nancy* (1833-1834). *p.* 25. *A. C.*— Petite-Garenne ; chaumes des Jésuites et de Torsac.

— NEMOROSA *Pers. syn.* 2. *p.* 149. *C. C.* — Mélangé avec l'espèce précédente, mais un peu moins commun.

ODONTITES RUBRA *Pers. syn.* 2. *p.* 150. — Moissons de Ruffec (*Oxfordien*); Châteauneuf (*Angoumien*); environs d'Angoulême; Saint-Marc.

— JAUBERTIANA *D. Dietr. in Walp. rep. 3. p.* 401. *C. C. C.*
  — Moissons, bords des chemins; bois de St-Michel; forêts de Basseau , de Ruffec; Agris.

Nous avons recherché quelle était la plante qui servait de *sol*
à l'*O. jaubertiana,* plante parasite comme les autres *rhinanthacées.*

A force de précaution, nous avons réussi à trouver des indices
certains de parasitisme; mais la fragilité des racines de l'*O.
jaubertiana* ne nous a pas permis de conserver des échantillons
pour l'herbier.

Cette espèce croit toujours sur les racines des graminées.
Dans les moissons où elle abonde, elle végète aux dépens des
racines des *Triticum;* dans les localités éloignées des moissons
comme dans les bois et sur le bords des chemins, elle végète
indifféremment sur les racines des différentes espèces de graminées qui l'environnent.

L'entrecroissement des racines, observé par M. Desmoulins
(cat. Dord. suppl. fin. p. 188) existe parfaitement; mais
nous avons de plus rencontré des traces d'adhérence, constituées
par de petits globules de la grosseur d'une tête d'épingle, d'un
blanc jaunâtre, globules qui terminent les radicelles de l'*O.
jaubertiana,* et sont appliqués intimement aux radicelles des graminées.

Ces observations viennent à l'appui de l'opinion de M. Desmoulins *(loc. cit.,* qui insiste en faveur des graminées comme
servant de *sol* à l'*O. jaubertiana.*

Nous pouvons affirmer que le *Galeopsis ladanum* n'a aucun rapport avec l'*O. jaubertiana,* malgré l'opinion que semble adopter M. Ramond. Il est très-rare chez nous de rencon-

trer ensemble ces deux plantes, mais si *par hasard* on les voit végéter l'une à côté de l'autre, il est facile de se convaincre qu'il n'y a aucun parasitisme entre leurs racines.

Nous avons vainement cherché des traces de parasitisme chez les autres *rhinanthacées* et notamment chez l'O. *lutea* et l'O. *chrysantha*. Peut-être serons-nous plus heureux à l'avenir.

—CHRYSANTHA *Boreau fl. cent. éd. 2. p. 392. O. jaubertiana 6. chysantha Boreau ann. Bot. 6. p. 256 et Gren. et God. fl. fr. 2. p. 607. A. R.* — Vignes de Chalais (*Dordonien*) ; chemins et vignes de l'Epineuil (*Portlandien*).

Cette espèce est considérée par quelques Botanistes, comme une simple variété de l'O. *jaubertiana*. MM. Grenier et Godron, tout en lui conservant le *rang* de variété, ajoutent (*loc. cit.*) : que sa station milite en faveur de sa conservation comme espèce.

Ce motif seul ne suffirait pas selon nous, mais ses fleurs d'un jaune doré et non rosées ou blanchâtres, ses rameaux ascendants, presque dressés et non étalés, nous engagent à la considérer comme distincte de l'O. *jaubertiana* et à adopter le nom que lui assigne M. Boreau.

— LUTEA *Rchb. fl. exc. 359. Euphrasia lutea L. sp. 842. et E. linifolia L. (loc. cit.). C. C. C.* — Coteaux, bois arides et calcaires ; bois des Planes ; Bardines ; coteaux de Vesnat ; l'Epineuil ; Petite-Garenne.

RHINANTHUS MAJOR *Ehrh. beitr. 6 p. 144. R. crista galli. Giboin in quenot st. ch. p. 37. C. C. C.* — Dans toutes les prairies.

PEDICULARIS PALUSTRIS *L. sp. 845. Giboin in quenot st. ch.*

p. 36. ***R. R. R.*** — Prairies marécageuses, près l'étang
de Brillac où il abonde.

— SYLVATICA *L. sp.* 845 *R. R.* — Bruyères humides et sables
tertiaires de la Tàtre et Touvérac ; landes de Soyaux (*Argiles réfractaires*).

MELAMPYRUM ARVENSE *L. sp.* 842. *C. C. C.* — Dans toutes les
moissons.

Les graines de cette espèce, mélangées avec le froment, donnent au pain un goût très-désagréable et le colorent en violet.

— PRATENSE *L. sp.* 843. *C. C. C* — Bois et taillis ; partout.

XC. OROBANCHEÆ (Juss).

PHELIPÆA CÆRULEA *C. A. Meyer. en. cauc.* 104. *R.R.* —
Sables de la Poudrerie, en face des moulins à poudre ;
sur les racines de l'*Achillea millefolium*.

— RAMOSA *C. A. Meyer. en. pl. cauc.* 104. *Orobanche ramosa L. sp.* 882. *Giboin in quenot st. ch. p.* 36. *R.* —
Châteauneuf, le long de la Charente, près le pont, dans
un champ de *Cannabis sativa*.

On rencontre quelquefois une variation à fleurs entièrement
blanches.

OROBANCHE RAPUM *Thuill. éd.* 2. *p.* 317. *O. major Giboin
in quenot st. ch. p.* 36. *C.C.C.* — Dans tous les bois sablonneux ; sur les racines du *Sarothamnus scoparius*.

— CRUENTA *Bertol. var. ital. pl. dec. 3. p. 56. et fl. ital.
6. p. 431. C.*, mais bien moins que l'espèce précédente. — Anville; Montigné ; forêts de la Braconne, de Basseau; landes de Soyaux ; sur les racines des *Sarothamnus scoparius, Genista tinctoria, Lotus corniculatus*.

— EPITHYMUM *D C. fl. fr. 3. p. 490. A.R.* — Pelouses arides; Petite-Garenne ; Espagnac *(Coniacien)* ; landes de Soyaux *(Sables tertiaires)* ; sur les racines du *Thymus serpyllum*.

— PICRIDIS *Coss. et Germ. fl. par. 309. t. 9. f. G. A.R.* — Sables de la Poudrerie; chaumes des Bretonnières; sur les racines du *Crepis virens*, de l'*Hypochæris radicata*.

— ARTEMISIÆ *Vauch. mon. 62. t. 13. R.R.R.* — Rochers de la route de Jarnac à Cognac.

Cette rare espèce croît sur les racines de l'*Helichrysum stœchas*.

— HEDERÆ *Vauch. mon. 56. t. 8. P.C.* — Ruines du Château-Renaud, commune de Fontenille ; Cognac; forêt de Ruffec ; Trésor de Nanteuil ; murs d'un jardin à Lunesse; Loup-Mellet *(LECLER)* ; Petite-Garenne; bois de l'Epineuil ; forêt de Basseau; sur les racines de l'*Hedera helix*.

— MINOR *Sutton. trans. lin. 4. p. 178. P.C.* — Lavallade et Ste-Sévère ; prairies artificielles de Basseau ; sur les racines du *Trifolium pratense*.

— AMETHYSTEA *Thuill. fl. par. éd. 2. p. 317. O. eryngii Coss. et Germ. fl. par. 310. t. 19. f. e. R.* — Coteaux

des Bretonnières ; champs du Moulin-de-Loreau, commune
de Lupsault ; sur les racines de l'*Eryngium campestre*.

CLANDESTINA RECTIFLORA *Lam. ill. t. 551. f. 1. Lathræa
clandestina L. sp. 843. A.C.* — Bords de l'Antenne
à Saint-Sulpice ; Patreville ; Bonneville ; Bords du ruisseau de Garde-Epée, proche l'église de la Châtre ; forêt de
Basseau ; Barillon , près La Couronne.

M. Lloyd (*fl. de l'Ouest. p.* 342.) prétend que cette espèce reste trois mois en fleurs. Nous ne l'avons jamais vue pendant une si longue période ; elle commence à fleurir dans les
premiers jours d'avril et on est très-heureux de la rencontrer
même en fruits à la fin du mois de mai.

XCI. LABIATÆ (Juss).

LAVANDULA SPICA *L. sp. 800. Giboin in quenot st. ch. p. 37.*
R.R.R. — Cette espèce, qui n'est indiquée par la plupart
des Botanistes que dans la région des oliviers, croît en assez
grande quantité sur un coteau aride et calcaire (*Portlandien*), au milieu d'un bois près l'Epineuil.

M. Desmoulins indique cette espèce dans le Sarladais (*cat.
Dord. supp. fin. p.* 190), et malgré les nombreuses localités
qu'il énumère, le savant auteur n'a pu faire remarquer par les
auteurs d'ouvrages récents , l'habitat inusité de cette charmante
Labiée.

La découverte que nous en avons fait dans la Charente vient
établir une preuve de plus, relativement à la présence de certaines espèces hors des stations qui leur sont habituelles.

Sa fréquence est moins grande chez nous que dans la Dordogne ; elle n'en est pas moins très-remarquable par son importance géographique, car bien certainement, notre plante n'a jamais été semée dans le lieu aride et isolé où elle croît depuis longues années.

MENTHA ROTUNDIFOLIA *L. sp.* 803.*C.C.C* — Bords des chemins, champs humides ; partout.

— SYLVESTRIS *L. sp.* 804 (*ex. Fries*). *Giboin in quenot st. ch. p.* 37. *R.R.* — Sainte-Sévère, près le pont.

— AQUATICA *L. sp.* 805. *Giboin in quenot st. ch. p.* 37. *C. C.C.* — Fossés, bords des eaux ; partout.

Var. ε. HIRSUTA *Koch. syn.* 634. *C.C.C.* — Mélangé avec le type.

Il serait plus normal de considérer cette variété comme une simple variation car, comme le font très-judicieusement observer MM. Cosson et Germain (*fl. par. p.* 316), les diverses espèces du genre *Mentha* présentent de nombreuses variations. Elles sont plus ou moins velues, pubescentes ou glabres. Nous ajouterons que ces variations sont dues aux conditions de grande humidité ou de sécheresse auxquelles les plantes de ce genre sont soumises.

— PULEGIUM *L. sp.* 807. *C.C.* — Bords des chemins, lieux où l'eau séjourne l'hiver ; Syllac ; les Lamberts ; les Halliers ; Basseau ; Ruffec ; Châteauneuf.

LYCOPUS EUROPÆUS *L. sp.* 30. *Giboin in quenot st. ch. p.* 37. *C.C* — Bords des fossés et des rivières.

ORIGANUM VULGARE *L. sp.* 824. *Giboin in quenot st. ch. p.*

37. C.C.C. — Champs en friche, bords des chemins, landes et coteaux arides.

Var. 6. **pallescens** Coss. et Germ. fl. par. p. 319. **R.R.** — Mouthiers, près le moulin de Poulet ; le Petit-Tranchard (Détoc).

Se distingue par ses bractées d'un vert clair, et ses fleurs entièrement blanches.

Thymus serpillum L. fl. suec. 208. et sp. 825. Giboin in quenot st. ch. p. 37. C.C.C. — Landes, coteaux, bois et pelouses arides.

Var. α. **linnæanus** Rchb. exsicc. 187. C. — Mêmes localités que le type avec lequel il se trouve mélangé.

— **chamædrys** Fries. nov. 197. A.C. — Champs sablonneux et châtaigneraies de Vesnat ; St-Yrieix ; les Planes ; St-Germain.

Hyssopus officinalis L. sp. 796. Giboin in quenot st. ch. p. 37.

Cette plante a été très-commune sur les vieux édifices et sur les remparts d'Angoulême, mais chaque jour elle tend à disparaître. Elle se rencontre encore sur les ruines de l'ancienne église de St-Cybard et sur les murs de l'évêché.

Calamintha officinalis Mœnch. meth. 408. C.C. — Bords des chemins, des haies ; Ruelle ; Basseau ; Ruffec ; la Braconne ; Larochefoucauld.

— **sylvatica** Bromfield in engl. Bot. supp. tab. 2897 ; Benth. in. DC. prod. 12. p. 228. C. officinalis Gren. et

God. fl. fr. 2. *p.* 663. *C.C.* — Bois et chemins couverts :
St-Marc ; Hurtebise ; La Vallette ; forêts de Ruffec, de
Chardin, de la Malestrade.

Malgré l'opinion des auteurs de la Flore de France (*loc. cit.*),
qui considèrent ces deux espèces comme n'en formant qu'une
seule, nous ne pouvons nous résoudre à accepter cette manière
de voir.

Il existe dans ces deux plantes des différences très-grandes,
différences que MM. Bentham et Boreau ont parfaitement vues
et comprises.

Si en premier lieu on veut tenir compte de la station, on
trouve que les *C. officinalis* et *C. sylvatica* croissent dans des
localités tout-à-fait différentes : le premier recherche les ex-
positions chaudes, les endroits arides ; le second, l'ombre et
l'humidité des taillis et des bois.

Le *C. officinalis* présente comme caractères principaux :
fleurs de 5-7 *millimètres, courtement pédicellées d'un lilas
clair, quelquefois presque blanches avec taches plus foncées
à la gorge. Calice non réfléchi sur le pédicelle même après
l'anthèse, à tube court, renflé à la maturité, à dents ciliées,
les deux inférieures un peu infléchies, plus longues que les
supérieures akènes subglobuleux, d'un jeune pâle.*

Le *C. sylvatica* se distingue par ses fleurs de 1 à 2 *centimètres d'un rouge lilas tachées de blanc à la gorge, à calice
fléchi sur le pédicelle après l'anthèse, à pédicelle long. Tube
non renflé à la maturité, à dents inférieures beaucoup plus
longues que dans le C. officinalis, orizontales ; akènes subglobuleux bruns, finement chagrinés.*

— ACINOS *Clairv. in Gaud. helv.* 4. *p.* 84. *C.C.C.* — Moissons et champs de tous les terrains.

— CLINOPODIUM *Benth. in D C. prod.* 12. *p.* 232. *Clinopodium vulgare L. sp.* 821. *Giboin in quenot st. ch. p.* 37. *C.C.C.* — Bords des chemins, haies, buissons, lieux arides et rocailleux.

MELISSA OFFICINALIS *L. sp.* 827. *Giboin in quenot st. ch. p.* 37. *R.R.* — Bois de la Petite-Garenne ; bois de l'Epineuil ; garenne des Bretonnières.

Cette espèce, qui d'après MM. Grenier et Godron (*fl. fr.* 2. *p.* 668), serait particulière à la Corse et seulement subspontanée en France dans les localités où elle se rencontre *(vignes et autour des habitations)*, nous semble réellement spontanée ici ; toujours dans les bois, et éloignée de toute culture.

SALVIA SCLAREA *L. sp.* 38. *Giboin in quenot st. ch. p.* 37. *R. R.* — Village de Chez-Bonnin ; rochers au bas des remparts d'Angoulème.

— PRATENSIS *L. sp.* 35. *Giboin in quenot st. ch. p.* 37. *C. C.C.* — Dans les prairies et les champs cultivés.

Varie quelquefois à fleurs blanches ou roses.

— VERBENACA *L. sp.* 35. *Giboin in quenot st. ch. p.* 27. *C.* — Bords des chemins, haies ; l'Epineuil ; Petite-Garenne ; Rabion ; route de Bordeaux, près les Halliers ; Chemin-Vert à la Colonne, près Angoulème.

Nous avons recueilli dans une haie sur le bord de la route d'Angoulème à Montbron, dans un terrain rocailleux (*Angoumien*, une forme remarquable, en voici la diagnose :

Tige simple, dressée, de 5-6 décimètres, couverte d'un tomentum brun, abondant dans sa partie inférieure, la supérieure garnie de poils blancs, sétacés, dirigés vers le bas, quadrangulaire, fortement canaliculée alternativement sur deux faces. Feuilles molles, à peine bosselées, vertes glabres sur les deux faces, légèrement tomenteuses sur la nervure médiane, toutes très-longuement pétiolées, ovales, oblongues, fortement crénelées, dentées, en coin à la base et longuement décurrentes sur le pétiole, celui-ci embrassant la tige, tomenteux ; fleurs subsessiles, disposées par verticilles de 3-6 très-espacés ; bractées, herbacées dépassant le calice, elliptiques, lancéolées, brusquement atténuées en une pointe aiguë; calice pubescent glanduleux, à divisions profondes, lancéolées; corolle grande, d'un bleu pâle, à lèvre supérieure courbée en faux.

Elle ne se rapporte à aucune des espèces avec lesquelles nous avons pu la comparer. Elle se rapproche cependant légèrement du *S. pratensis* par la forme et la grandeur de ses fleurs, mais elle s'en éloigne par ses feuilles *toutes* longuement pétiolées non réticulées bosselées. Elle se rapproche du *S. verna* par ses feuilles à peine bosselées, les radicales longuement pétiolées, mais elle s'en éloigne par les caulinaires également pétiolées et non sessiles embrassantes, par ses fleurs grandes, non dépassant à peine le tube du calice.

Une étude ultérieure nous permettra de décider si nous avons à faire à une simple forme ou bien à une espèce nouvelle, nous proposerons dans ce cas de lui donner le nom de *Salvia ambigua* (*Nob.*).

GLECHOMA HEDERACEA *L. sp.* 807. *C.C.C.* — Bords des haies et des chemins frais, bois ; forêt de Basseau; Clergon;

Petit-Rochefort; chemin de la Pierre; Bretonnières; tous les terrains.

LAMIUM AMPLEXICAULE *L. sp.* 809. *Giboin in quenot st. ch. p.* 37. *A.C.* — Jardins de Lunesse, l'Anguienne; se rencontre quelquefois sur les vieux murs.

— HYBRIDUM *Vill. Dauph.* 1. *p.* 251. *L. incisum Willd. sp.* 3. *p.* 89. *C.C.* — Jardins, vieux murs, chemins sablonneux.

— PURPUREUM *L. sp.* 809. *C.C.C.* — Partout.

— ALBUM *L. sp.* 809. *Giboin in quenot st. ch. p.* 37. *R.R.* — Bois humides près Condac, canton de Ruffec (*Oxfordien*); la Terne, près Luxé; haies près l'église de Taizé-Aizie.

— GALEOBDOLON *Crantz. austr.* 262. *Galeobdolon luteum Huds. angl.* 258. *R.* — Bois des Bouchauds, près St-Cybardeaux; forêt de Ruffec (*Oxfordien*); Bois de Clergon; la Petite-Garenne (*Angoumien*).

LEONURUS CARDIACA *L. sp.* 817. *R.R.R.* — Chemin de l'Hirondelle, près Angoulême, au milieu des décombres.

GALEOPSIS ANGUSTIFOLIA *Ehrh. herb.* 137. *G. ladanum Vill. Daup.* 2. *p.* 386. *C.C.C.* — Moissons, champs cultivés; partout.

Dans tous les auteurs que nous avons consulté, nous voyons deux divisions établies dans le genre *Galeopsis*, à savoir : Tiges *non gonflées sous les nœuds* et tiges *gonflées sous les nœuds*.

Nous avons acquis la certitude, et nous possédons en herbier des échantillons qui sont une preuve irréfutable de la *non-va-leur* de ce caractère.

Nos échantillons ont été cueillis dans un vaste champ couvert de *G. angustifolia*, et tous indistinctement présentent au point d'insertion des rameaux avec la tige principale des renflements volumineux d'ue diamètre de 5 millimètres.

Ces renflements ne sont point dus comme on pourrait le croire à une cause étrangère, nous nous sommes assurés qu'ils constituent un caractère parfaitement tranché et constant, caractère que nous considérons comme particulier au genre *Galeopsis*, et comme ne devant pas servir à former deux groupes différents.

L'abondance du *G. angustifolia* dans les moissons, aurait dû contribuer à faire connaître cet état de la plante, mais il arrive presque toujours que les plantes les plus communes étant par cela même les moins étudiées, bien des faits restent inaperçus, et que la majorité des auteurs copient leurs devanciers, sans avoir voulu vérifier par eux-mêmes le plus ou moins de justesse de certaines observations.

STACHYS GERMANICA *L. sp*. 812. *R.R.* — Coteaux du Bouchet, commune de Lupsault. Cette magnifique plante croit de préférence dans notre département, dans les vignes et sur les coteaux de l'étage Portlandien.

— HERACLEA *All. ped*. 1. *p*. 31. *R.R.R.*— Moulin-de-Loreau, près le Bouchet, commune de Lupsault (*Oxfordien*).

— ALPINA *L. sp*. 812. *R.R.*— Rochers d'Alloue, au-dessus des Galeries servant à l'exploitation des mines de plomb argentifère (*Lias inférieur*).

— SYLVATICA *L. sp* 811. *Giboin in quenot st. ch. p* 37. *A.C.*
— Grottes de Rancogne; Trésor-de-Nanteuil (*Lias moyen*); Bois de Giget (*Carentonien*).

— PALUSTRIS *L. sp.* 811. *C.C.C.* — Bords de la Charente sur tout son parcours; fossés de Vesnat; chemin des Argentiers; Basseau (*Gardonien*).

— ARVENSIS *L. sp.* 814. *P.C.* — Garde-Epée; tout l'arrondissement de Confolens; champs cultivés des Bretonnières; les Pendants, près Serres.

Dans les terres fortes du calcaire il végète avec plus de vigueur que dans les terrains granitiques et siliceux, où cependant il est bien plus abondant.

— ANNUA *L. sp.* 813. *C.C.C.* — Champs cultivés.

— RECTA *L. mant.* 82. *C.C.C.* — Partout.

BETONICA OFFICINALIS *L. sp.* 810. *Giboin in quenot st. ch. p.* 37. *C.C.* — Bois sablonneux; forêt de Basseau; bois de la Petite-Garenne; des Bretonnières.

Varie à fleurs d'un beau blanc.

BALLOTA FÆTIDA *Lam. fl. fr.* 2. *p.* 381. *B. nigra Sm. brit.* 635. *et auct. gall. Giboin in quenot st. ch. p.* 37. *A.C.* — Décombres autour des habitations; les Bretonnières; chemin des Argentiers; le long du mur d'enceinte de la Poudrerie; village de l'Epineuil.

SIDERITIS HYSSOPIFOLIA *L. sp.* 803. *Guillon in Puel et Maille fl. loc. exs. n°* 7. *C.C.C.* — Coteaux et chaumes arides des terrains calcaires; chaumes de Chante-Grelet; l'Arche; carrières de Bonpart; les Bretonnières; Mouthiers; Roullet; La Couronne.

Plante de 3-8 décimètres.

MARRUBIUM VULGARE *L. sp.* 816. *Giboin in quenot st. ch. p.* 37. *C.* — Bords des routes, décombres; chaumes de l'Arche, de Brillac (*Granitique*); route d'Angoulême à Limoges, près la gare du chemin de fer; chemin de l'Hirondelle.

MELITTIS MELISSOPHYLLUM *L. sp.* 832. *Giboin in quenot st. ch. p.* 37. *C.C.*— Bois, taillis humides de la Petite Garenne; St-Marc; Hurtebise; Dirac; bois de la Tranchade; Condac, près Ruffec.

SCUTELLARIA GALERICULATA *L. sp.* 835. *A.C.* — Bords des rivières et des ruisseaux; le long de la Charente près la Poudrerie; prairies de Vesnat; tous les ruisseaux des environs de St-Germain; Brillac; Lesterps (*Granitique*).

— MINOR *L. sp.* 835. *A.R.* — Landes siliceuses de Soyaux; bords de la Marchadène et du Gouar, près Brillac et Confolens.

BRUNELLA VULGARIS *Mœnch. meth.* 414. *Prunella vulgaris L. sp.* 837. *Giboin in quenot st. ch. p.* 37. *C.C.C.* — Partout.

— ALBA *Pall. ap. Bieb. taur.-cauc.* 2. *p.* 67. *A.C.* — Coteaux arides; chaumes de l'Arche, de Crages; bois de la Petite-Garenne (*Angoumien*); Ruffec (*Oxfordien*).

— GRANDIFLORA *Mœnch. meth.* 414. *R.* — Landes et coteaux de Gigel; le Château-du-Diable; Pierre-Dure; sur les bords de la route de Charmant à La Vallette.

AJUGA REPTANS *L. sp.* 785. *Giboin in quenot st. ch. p.* 37. *C.C.* — Prairies, bois humides.

Var. ALPINA (*Nobis*). R. — Prairies et berges des fossés près Ruffec, sur les bords du Lien.

L'absence de stolons dans l'*A. reptans* qui constitue l'*A. alpina* (*Vill. Dauph.* 2. *p.* 347), n'est qu'un caractère variable pour les auteurs de la Flore de France. Ce caractère nous paraît suffisant pour constituer une variété.

— GENEVENSIS *L. sp.* 785. *R.R.* — Ruffec, près le cimetière, sur la route de Civray ; route de Confolens à Ruffec, tout près de cette localité.

M. Lagrèze-Fossat est le premier qui ait observé et publié, en 1847, la présence de stolons dans cette espèce, que tous les floristes caractérisent : *souche très-courte, non rampante, toujours dépourvue de stolons.* Le savant auteur *de la flore du Tarn-et-Garonne p.* 305, lui donne le nom d'*Ajuga cryptostolon, Bugle à stolons souterrains.*

D'un autre côté, M. le docteur F. Schultz, a observé dans une exploration aux environs de Sarrebruck, de Deux-Ponts et de Bitche, l'*A. genevensis* également pourvu de stolons.

Nous sommes heureux de pouvoir dire : que nous avons recueilli dans les localités sus-indiquées dans notre département, la plante en question avec de magnifiques stolons.

L'*A. genevensis* devra donc être décrit maintenant comme stolonifère et non pas comme *astolone*.

— CHAMÆPITYS *Schreb. unilab. p.* 24. *Teucrium chamæpitys L. sp.* 787. *Giboin in quenot st. ch. p.* 37. A.C. — Champs et moissons ; St-Michel; l'Arche; Ruffec; Châteauneuf.

TEUCRIUM BOTRYS *L. sp.* 786. *Giboin in quenot st. ch. p.* 37.

C.C. — Champs, moissons, vignes; dans tous les terrains du département.

— SCORDIUM *L. sp.* 790. *Giboin in quenot st. ch. p. 37. P. C.* — Marais de Breuty ; le long d'un fossé près de la Poudrerie; marais de tout l'arrondissement de Confolens, où il est excessivement commun.

— SCORODONIA *L. sp.* 789. *C.C.* — Bois montueux, rochers; forêt de Basseau ; Ruffec ; tout l'arrondissement de Confolens.

— CHAMÆDRYS *L. sp.* 790. *A.C.* — Coteaux arides; le Fouilloux ; Larochefoucauld ; forêt de la Braconne *Oxfordien et Portlandien*); Basseau (*Gardonien*); Petite-Garenne ; St-Marc (*Angoumien*).

— MONTANUM *L. sp.* 791. *C.* — Coteaux de tout le calcaire; carrières de Boupart, de l'Arche, de Chante-Grelet; chaumes du Château-du-Diable , Gigel, la Tourette, Mouthiers, Chalais.

XCIII. VERBENACEÆ (Juss.)

VERBENA OFFICINALIS *L. sp.* 29. *C.C.C.* — Le long des chemins et des routes, champs cultivés des terres fortes ; partout.

XCIV. PLANTAGINEÆ (Juss)

PLANTAGO MAJOR *L. sp.* 163. *Giboin in quenot st. ch. p. 36.*

C.C.C. — Allées des jardins, bords des chemins ; d'une abondance excessive sur les côtés de la voie du chemin de fer d'Angoulême à Bordeaux , entre Syllac et l'Oisellerie.

— INTERMEDIA *Gilib. pl. Europ.* 1. *p.* 125. *A.R.* — Bois découverts ; allées de la forêt de Basseau, près la Poudrerie (*Gardonien*).

— MEDIA *L. sp.* 163. *Giboin in quenot st. ch. p.* 36. *C.C.C.* — Coteaux, pelouses des bois ; Petite-Garenne ; quelquefois dans les prairies.

— CORONOPUS *L. sp.* 166. *Giboin in quenot st. ch. p.* 36. *C. C.* — Bois découverts et pelouses sablonneuses ; Poudrerie ; St-Michel ; tout l'arrondissement de Confolens.

— LANCEOLATA *L. sp.* 164. *C.C.C.* — Dans les prairies dont il forme le fond de quelques-unes.

Var. α. GENUINA *Gren. et God. fl. fr.* 2. *p.* 727. — *A.C.* — Avec le type, mais surtout dans les moissons.

Var. δ. LANUGINOSA *Koch. syn.* 686. *P.C.* — Allées argileuses de la Petite-Garenne ; bois du Chateau-du-Diable ; Chaumes de la Tourette.

XCVI. GLOBULARIEÆ (D C.)

GLOBULARIA VULGARIS *L. sp.* 139. *Giboin in quenot st. ch. p.* 37. *C.C.C.* — Coteaux arides et calcaires ; partout.

XCVIII. AMARANTACEÆ (R. B.)

AMARANTUS BLITUM *L. sp.* 1405. *C.C.* — Jardins, bords des chemins : Anguienne sous Angoulême ; les Bretonnières, près Roullet.

— RETROFLEXUS *L. sp.* 1407. *A.C.* — Ste-Sévère ; village des Buges ; les Planes ; les Lamberts *(Sables tertiaires)*: Poudrerie ; chemins des Argentiers *(Angoumien)*.

POLYCNEMUM MAJUS *All. Br. in Koch, syn. éd. 2. p* 605. *P.C.* — Champs sablonneux des Planes, près Angoulême ; moissons des Pendants, près Serres ; Moissons de Chante-Grelet *(Carentonien)*.

Dans le principe, les deux espèces actuelles *P. majus* et *P. arvense* étaient confondues sous la dénomination de *P. arvense*.

M. Julien Crosnier *(in Desmoulins cat. Dord. suppl. fin. p.* 220), aurait observé que le *P. majus* est propre aux terrains calcaires ; tandis que le *P. arvense* l'est aux terrains siliceux.

Nous ne pouvons donner une opinion bien arrêtée sur notre manière de voir à ce sujet, n'ayant pas encore rencontré dans notre département le *P. arvense* ; cependant nous avons toujours vu le *P. majus* dans des terrains sablonneux *(Alluvions anciennes, Sables tertiaires)*. Une seule fois, nous l'avons cueilli dans les terrains de craie, à Chante-Grelet *(Carentonien)*. Dans cette dernière station, qui, d'après M. Julien Crosnier, serait celle qui convient le mieux à l'espèce en question, les échantillons sont loin d'avoir la vigueur de ceux récoltés dans les terrains sablonneux.

XCIX. SALSOLACEÆ (Moq.)

ATRIPLEX HASTATA *L. sp.* 1494. *C.C.* — Jardins, bords des chemins, décombres; partout.

— PATULA *L. sp.* 1494. *Giboin in quenot st. ch. p.* 46. *C. C.* — Plus particulièrement dans les terrains sablonneux; les Planes; Loup-Mellet; les Lamberts.

Var. α. GENUINA *Gren. et God. fl. fr.* 3. *p.* 13. *C.C.C.* — Mélangé avec le type, mais plus commun, au milieu des décombres et des terres fortes.

CHENOPODIUM POLYSPERMUM *L. sp.* 321. *P.C.* — Dans les jardins de l'Anguienne.

Var. α. SPICATUM *Moq. monogr.* 22. *A.R.* — Dans une cours et près d'un mur, aux Bretonnières, près Roullet.

— VULVARIA *L. sp.* 321. *A.C.* — Bords des chemins et décombres, le long de la route d'Angoulême à Limoges, près la gare du chemin de fer; champs de Loup-Mellet; Saint-Marc; Ruffec.

— ALBUM *L. sp.* 319. *C.C.C.* — Champs sablonneux de Lunesse, autour des habitations; St-Yrieix; les Planes.

— URBICUM *L. sp.* 318. *C.C.* — Ste-Sévère, près l'église; village de Buge; Vesnat; les ateliers du chemin de fer, près Foulpougne.

— **bonus-henricus** *L. sp.* 318. *Giboin in quenot st. ch. p.*
36. *A.C* — Fumiers, décombres, jardins ; Ruelle ; Magnac; la Poudrerie ; Moulidars ; Hiersac; Rouillac; Basseau ; St-Genis ; dans tous les terrains.

C. POLYGONEÆ (Juss).

Rumex pulcher *L. sp.* 477. *C.C.* — Bords des chemins, allées des jardins, pelouses ; partout.

> *Var. 6.* **hirtus** *Gren. et God. fl. fr.* 3. *p.* 36. *R. divaricatus*
> *L. sp.* 478. (*non Fries. herb. norm.* 7. *n° 51*). *C.C.* —
> Mélangé avec le type, endroits sablonneux ; très-abondant
> à Lunesse.

— **friesii** *Gren. et God. fl. fr.* 3. *p.* 35. *R. obtusifolius*
D C. fl. fr. 3. *p.* 375. *R. divaricatus Fries. mant.* 3.
p. 25 *et summ.* 51 *et* 202. (*non L.*) *C.C.* — Bords d'un
chemin à Longré ; prairies; à peu près partout.

D'après les savants auteurs de la Flore de France, le *R. obtusifolius L.*, nom sous lequel notre plante est désignée par la
majorité des Botanistes, est une espèce non encore signalée en
France. Les recherches consciencieuses auxquelles ils ont été
conduits et les judicieuses remarques qu'ils ont publiées (*loc.
cit.*), nous ont engagé à désigner notre espèce Charentaise sous
le nom que MM. Grenier et Godron ont donné au *R. obtusifolius D C.*, en souvenir du savant Botaniste Fries.

— **conglomeratus** *Murr. prodr. goët.* 52. *A.C.* — Bords des
eaux ; village des Marmouniers, commune de Bréville ;
Ruffec, sur les bords du Lien (*Oxfordien*).

13

— NEMOROSUS *Schrad. ex. Willd. en.* 1. *p.* 397. *A.C.* — Bois Frayet ; forêt de Basseau (*Gardonien*) ; bois de la Poudrerie (*Portlandien*); endroits humides et ombragés.

— ACUTUS *L. sp.* 478. *A.C.* — Dans les prairies tourbeuses des bords de la Charente ; Vesnat ; les Bretonnières, près Roullet ; Sireuil ; Châteauneuf.

— CRISPUS *L. sp.* 476. *C.C.C.* — Prairies ; Cognac ; Merpins (*Coniacien* ; Châteauneuf (*Carentonien*) ; Longré ; tous les environs d'Angoulême, surtout dans les prairies sèches.

— HYDROLAPATHUM *Huds. fl. Angl.* 154. *A.R.* — Ruisseau de l'Houme à Aizet (*Portlandien*) ; Cognac, bords de la Charente ; pont de Basseau (*Gardonien*); le long d'un fossé de la prairie de Vesnat.

— SCUTATUS *L. sp.* 480. *R.R.* — Cette espèce, que nous ne connaissons que dans une seule localité, a été découverte à Ruffec sur un mur écroulé, au milieu d'un champ, par M. A. Clavaud.

— ACETOSA *L. sp.* 481. *A.C.* — Bois sablonneux et prairies.

— ACETOSELLA *L. sp.* 481. *C.C.* — Landes, champs sablonneux ; Basseau (*Gardonien*); les Planes ; Dignac (*Sables tertiaires*); landes de Soyaux (*Argiles réfractaires*); rochers granitiques de St-Germain-sur-Vienne, et le canton de Confolens.

POLYGONUM AMPHIBIUM *L. sp.* 517.

Var. α. NATANS *Mœnch. P.C.* — Charente ; îles de Roffit ; Chalonnes ; bords de la prairie de Vesnat ; pont de Basseau.

Var. 6. TERRESTRIS *Mœnch.* P.C. — Basseau, près le pont,
dans les sables d'alluvion chariés par la Charente à la suite
des débordements.

— LAPATHIFOLIUM *L. sp.* 517. P.C. — Moulin-du-Coudert,
commune d'Oradour-Chillé.

Var. γ. NODOSUM *P. nodosum Pers. syn.* 440. A.C. —
Pont de Basseau sur des décombres; très-abondant sur
les rochers granitiques, au milieu d'un ravin creusé par
l'eau, tout près de l'Etang-Neuf à Lesterps.

Var. δ. INCANUM *P. incanum D C. fl. fr.* 3. *p.* 466. A.C.
— Ravin de l'Etang-Neuf près Lesterps, seule localité où
nous connaissions cette variété.

— PERSICARIA *L. sp.* 518. *Giboin in quenot st. ch. p.* 35.
C.C.C. — Bords des fossés, terrains et jardins humides;
partout.

— DUBIUM *Stein. herb. sec. Al. Braun. bot. Zeit.* 1824. *p.*
357. C.C.C. — Vesnat; la Cagouillère, bords des eaux;
chemin humide des Argentiers; Ste-Sévère; Bréville; tout
le pays-bas.

— AVICULARE *L. sp.* 519. C.C.C. — Partout.

Var. γ. ARENARIUM *Gren. et God. fl. fr.* 3. *p.* 53. *P. arenarium Lois. gall.* 1. *p.* 284. *(non W. K.)* C.C.C. —
Avec le type, mais surtout dans les terrains sablonneux.

— BELLARDI *All. ped.* 2. *p.* 207. *t.* 90. *f.* 2. *et auct. p.* 36.
A.R. — Moissons de Bréville; le pays-bas *(Coniacien)*;
sables tertiaires de la Poudrerie; Beauregard; l'Arche;
Chante-Grelet, dans les moissons *(Carentonien et Angoumien)*.

— **CONVOLVULUS** *L. sp.* 522. *A.C.* — Champs des Bretonnières ; moissons de l'Arche et de la Poudrerie.

— **DUMETORUM** *L. sp.* 522. *C.* — Champs et moissons de Basseau ; Syllac ; Rabion ; la Poudrerie ; Ruffec.

CI. DAPHNOIDEÆ (Vent.)

PASSERINA ANNUA *Spreng. syst. 2. p.* 239. *Stellera passerina
L. sp.* 512. *C.C.C.* — Dans les champs et les moissons ;
partout.

CIII. SANTALACEÆ (R. Br.)

THESIUM HUMIFUSUM *D C. fl. fr.* 5. *p.* 366. *Coss. et Germ.
fl. par.* 481. *C.C.* — Coteaux arides de Chante-Grelet ;
environs de Larochefoucauld (**LECLER**) ; sables de la Poudrerie

Dans les sables de la Poudrerie, cette plante affecte une
forme différente de celle qu'elle présente dans les autres localités. Elle se rapproche du *T. divaricatum Jan.*, mais un examen attentif démontre bien vite que l'on a pas à faire à cette
espèce.

Dans les sables de la Poudrerie, nous avons pu observer le
parasitisme du *T. humifusum*, et il nous a été possible d'en
conserver quelques échantillons en parfait état.

La fragilité des racines du *Thesium* présente beaucoup de difficultés pour l'obtenir attaché aux espèces voisines.

Les suçoirs de nos échantillons sont très-volumineux et tiennent intimement aux racines des plantes qui servent de sol à notre *Santalacée*. Parmi ces espèces, nous citerons l'*Achillea millefolium* et surtout, presque toujours, l'*Ononis repens*, qu'elle semble affectionner. On la rencontre aussi mais plus rarement sur les racines de l'*Helianthemum vulgare* et du *Salvia pratensis*.

CVI. ARISTOLOCHIEÆ (Juss.)

ARISTOLOCHIA CLEMATITIS *L. sp.* 1364. *Giboin in quenot st. ch. p.* 36. *A. C.* — Fléac (*Portlandien*); dans les vignes, champs et moissons de Syllac, près Angoulême (*Carentonien*); Ruelle.

— LONGA *L. sp.* 1364. *A. R.* — Oradour-Chillé, près le Moulin-du-Coudert (*Kimmeridgien*); Longré; Moulin-de-Bellaveau ; Verdille ; champs d'Auge (*Oxfordien et Portlandien*) ; moissons de Syllac, du Maine-de-Boixe.

CVIII. EUPHORBIACEÆ (Juss.)

EUPHORBIA HELIOSCOPIA *L. sp.* 658. *Giboin in quenot st. ch. p.* 44. *C.C.C.* — Dans toutes les vignes du pays-bas, dont il forme le fond de la végétation.

— PILOSA *L. sp.* 659. *A.C.* — Le long des fossés et dans les prairies humides.

Cette espèce renferme plusieurs variétés que nous n'avons pas suffisamment étudiées pour les mentionner ici, mais qui seront énumérées dans nos suppléments.

— DULCIS *L. sp.* 656. *R.R.R.* — Forêt de Ruffec.

— ANGULATA *Jacq. collect.* 2. *p.* 309. *R.R.* — Saint-Félix et Courgeac ; dans un bois près les landes de Soyaux, où cette espèce est assez abondante.

— VERRUCOSA *Lam. dict.* 2. *p.* 434. *P.C.* — Village de Chez-Negret ; bois des Pendants, près Serres (*Sables tertiaires*); forêt de Basseau, dans les lieux très-arides.

— GERARDIANA *Jacq. fl. austr.* 5. *p.* 17. *tab.* 436. *C.C. C.* — Sur la route de Vars à Agris, et de Rouillac à Veaux (*Oxfordien. Kimmeridgien*) ; coteaux des bois de l'Oisellerie (*Carentonien*); chaumes de l'Arche, de Crages, Chante-Grelet (*Angoumien*) ; Vesnat ; Saint-Yrieix (*Portlandien*) ; landes de Soyaux (*Sables tertiaires et Argiles réfractaires*).

Cette espèce est particulière à tous les terrains, elle croît indifféremment sur tous les étages, comme le démontre sa présence dans les nombreuses localités de notre département. Il est cependant bon d'observer qu'elle est moins abondante dans les landes siliceuses, par exemple, que dans les terrains calcaires soit de la formation jurassique, soit de la formation crétacée proprement dite.

— EXIGUA *L. sp.* 654. *Giboin in quenot st. ch. p.* 44. *C.C. C.* — Partout.

— **falcata** *L. sp.* 654. *A. C.* — Plautcane, commune de Verdille ; Ste-Sévère ; Lupsault ; Agris ; Auge ; St-Médard (*Oxfordien et* **Portlandien**).

— **amygdaloides** *L. sp.* 662. *E. sylvatica Jacq. austr.* 4. *p.* 39. *tab.* 375. *et Giboin in quenot st. ch. p.* 44. *C.C. C.* — Bords des eaux, et surtout les bois humides.

Mercurialis perennis *L. sp.* 1465. *Giboin in quenot st. ch. p.* 44. *A.C.* — Bois de la Petite-Garenne ; Saint-Marc ; le Moulin du Got, parmi les broussailles.

— **annua** *L. sp.* 1465. *Giboin in quenot st. ch. p.* 44. *C. C.C.* — Partout.

Il est à remarquer que dans cette espèce dioïque, les pieds femelles sont beaucoup plus rares que les pieds mâles.

Buxus sempervirens *L. sp.* 1394. *Giboin in quenot st. ch. p.* 44. *C.C.* — Chaumes et coteaux calcaires de Saint-Marc , Giget ; le Château-du-Diable ; Puymoyen ; Chamoulard ; Vœuil ; Mouthiers ; Bonpart ; la Tourette, etc.

Var. **arborescens** (*Nobis*). *A.R.* — Forêt de Ruffec ; environs de La Vallette.

Nous avons créé cette variété, qui se distingue parfaitement du type de nos coteaux, non-seulement par sa taille élevée (arbres souvent de forte taille), mais aussi par ses feuilles plus larges, presque rondes, et par ses fruits d'un volume bien plus gros.

Cette forme se rencontre rarement. Dans la forêt de Ruffec, on observe une assez grande étendue de ces arbres au milieu d'un bois de haute futaie, les pieds de *Buxus* atteignent 7-8 mètres d'élévation et leur tronc offre un diamètre d'environ 1/2 à 1 décimètre.

On pouvait voir, il y a quelques années, à Bois-Rouffier, commune de Marsat, un bois de Buis d'une étendue de 15 ares environ, dont tous les sujets présentaient un tronc de 15 à 20 centimètres. Ce magnifique bois est aujourd'hui détruit et a été remplacé par un jardin potager et quelques pieds de vignes que cultive avec soin un primitif paysan.

La présence du Buis, dans certaines contrées de la France, a été le sujet de plusieurs communications dans le sein de la société Botanique de France (*tome 3. du Bulletin, ann.* 1856).

Il s'agissait de savoir : si cette plante appartient au fond de la végétation des contrées qu'elle habite, ou si elle ne se trouve que dans le voisinage des anciennes constructions Romaines, où elle aurait été introduite à l'époque de l'occupation de la Gaule par les Romains.

Le savant auteur du catalogue de la Dordogne (*suppl. fin. p.* 239), met en doute la possibilité de résoudre cette question, et il s'appuie pour cela sur de puissants motifs.

Nous n'avons point étudié dans quelles conditions se rencontre le Buis en Normandie et dans le département de l'Oise (régions où il habite à ce qu'il paraît les anciennes constructions Romaines), le témoignage de **MM. Lenormant, Passy et Graves**, suffit pour nous convaincre de la présence exclusive de cette plante dans ces stations ; mais pour ce qui est du département de la Charente, nous pouvons affirmer que l'abondance du Buis y est excessive, qu'incontestablement il y est spontané, car bien certainement les Romains ne sont jamais venus construire leurs habitations et encore moins leurs *topia* ou *topiarium opus*, pour nous servir de l'expression même d'un de nos honorables collègues, sur les pentes abruptes et sauvages de nos coteaux, où le Buis étale son feuillage toujours vert.

Ce qu'il y a surtout de remarquable , c'est que la présence du Buis manque toujours dans la Charente, là où il y a trace de constructions Romaines. Ainsi, on n'en rencontre pas le plus chétif pied dans les alentours d'une ville Romaine, dont on voit encore les traces non loin de la forêt de Basseau. Cette ville, qui d'après les Archéologues, portait le nom de *Lippe*, et occupait avec tous ses alentours une surface d'environ 300 hectares (étendue à peu près de la forêt de Basseau), devait renfermer des *jardins*, des *charmilles taillées dans le genre de celles des anciens jardins à la française* (loc. cit.). Il est donc bien étonnant que pas un seul pied de Buis ne soit resté pour attester l'existence de ces splendides *topia*.

Nous craignons que le jour ne se fasse pas de bien longtemps, sur la question de savoir : si le Buis a été importé dans les lieux qu'il habite par quelque colonie Romaine. On pourra faire des suppositions plus ou moins véridiques, mais le véritable mot de l'énigme ne sera pas définitivement tranché , et l'origine *supposée Romaine* du Buis restera dans l'oubli comme les constructions de ces puissants vainqueurs des Gaules, aujourd'hui enfouies sous l'humus de nos forêts.

CIX. MOREÆ (Endl.)

FICUS CARICA *L. sp.* 1513. *Giboin in quenot st. ch. p.* 44. R.

Nous ne pouvons nous dispenser de considérer cette espèce, sinon comme spontanée, du moins comme profondément naturalisée dans la Charente.

Le *F. carica* abonde dans les fentes des rochers à pic de

Chamoulard et du Château-du-Diable, dans une contrée aride
et sauvage. On le rencontre également dans un bois au-dessus
de Sainte-Barbe, près Angoulême, au milieu de débris de
rochers.

CX. CELTIDEÆ (Endl.)

CELTIS AUSTRALIS *L. sp.* 1478. *R.R.R.* — Luxé, près la
Terne, sur les ruines d'un ancien château; ruines de Château-Renaud, commune de Fontenille, où l'un des pieds
offre une circonférence d'environ 1 mètre. Cette espèce,
très-rare pour notre région, se rencontre également, mais
peu fréquemment, aux environs de Saint-Aulaye-sur-
Dronne, dans le département de la Dordogne (*cat. Dord.
Desmoulins. supp. fin.* 235) et dans le département de
la Vienne, à Passe-Lourdaine, près Poitiers, où nous
l'avons observée.

CXI. ULMACEÆ (Mirbel.)

ULMUS CAMPESTRIS *Smith. Engl. fl.* 2. *p.* 20. *Giboin in quenot st. ch. p.* 44. *C.C.* — Partout.

Var. 6. SUBEROSA *Koch. syn.* 637. Moins commun que le
précédent. — Rabion; chemin des Argentiers; La Cagouillère; chemins de Foulpougne; forêt de Ruffec; les
Bretonnières.

CXII. URTICEÆ (D C).

Urtica urens *L. sp.* 1396. *A.C.* — Rues d'Angoulème ; les Bretonnières, près Roullet ; Ruffec ; décombres ; chemin, près Mouthiers.

— **dioica** *L. sp.* 1396. *Giboin in quenot st. ch. p.* 44. *C C.* • *C.* — Partout.

Parietaria diffusa *M. K. Dtsch. fl.* 1. *p.* 827. *P. officinalis Sm. fl. brit.* 189. *Giboin in quenot st. ch. p.* 44. *C.C.C.* — Sur les vieux murs ; partout.

CXIII. CANNABINEÆ (Endl.)

Humulus lupulus *L. sp.* 1457. *Giboin in quenot st. ch. p.* 44. *A.C.* — Haies des bords de l'eau ; Vesnat, le long de la Charente ; Saint-Michel ; le Maine-Blanc, dans une haie humide.

Les pieds qui portent les fleurs mâles sont bien plus abondants que ceux qui portent les fleurs femelles.

CXV. CUPULIFEREÆ (A. Rich.)

Fagus sylvatica *L. sp.* 1416. *Giboin in quenot st. ch. p.* 44. — Très-commun dans la forêt de Ruffec ; rare dans les

autres bois, où on n'en rencontre que quelques pieds épars ;
forêt de Basseau.

Castanea vulgaris *Lam. dict.* 1. *p.* 708. *Fagus castanea L.
sp.* 1416 *Giboin in quenot st. ch. p.* 44. *A.C.* — Forêt de Ruffec où il croît en grandes quantités ; forêt de
Basseau ; bois de la Poudrerie.

Cultivé en grand pour ses fruits alimentaires, dans les environs d'Angoulême et de La Rochefoucauld, mais surtout dans
tout l'arrondissement de Confolens.

Quercus sessiliflora *Sm. fl. Brit.* 3. *p.* 1026. *C.C.C.* —
Dans tout les bois.

> Var. γ. laciniata *Boreau fl. cent. éd.* 1. *p.* 422. **P.C.** —
> Bois de Clergon.

—pubescens *Willd. sp.* 4. *p.* 450. *A.C.* — Bois de Clergon ;
forêt de Ruffec ; forêt de Basseau.

— pedunculata *Ehrh. arb.* n° 77.*Q. robur.* **L.** *fl. suec. éd.*
2. *p.* 340. *Giboin in quenot st. ch. p.* 44. *C.C.C.* —
Dans tous les bois du département.

— tozza *Bosc. journ. hist. nat.* 2. *p.* 155. *t.* 32. *f.* 3. *A.R.*
— Bois de Saint-Michel ; Petite-Garenne.

—cerris *L. sp.* 1415. *Giboin in quenot st. ch. p.* 44. *R.* —
Bois de Clergon ; La Tourette; St-Yrieix.

— ilex *L. sp.* 1412. *C.C.C.* — Tous les coteaux calcaires :
Clergon ; le Château-du-Diable ; Puymoyen ; Pierre-
Dure ; Vesnat ; les Planes ; Bois-Menut ; Isle-d'Espagnac.

Corylus avellana *L. sp.* 1417. *Giboin in quenot st. ch. p.*
44. *C.C.C.* — Bois taillis, haies ; partout.

Carpinus betulus *L. sp.* 1416. *Giboin in quenot st. ch. p.*
44. *C.C.C.* — Forêts de Basseau, la Braconne , Ruffec ,
et généralement dans tous les bois.

CXVI. SALICINEÆ (Rich.)

Salix fragilis *L. sp.* 1443. *R.* — Bords de La Lisonne, près
La Vallette, à la limite du département de la Dordogne et
de la Charente.

Var. 6. pendula *Fries. mant.* 1. *p.* 45. *S. pendula Ser.*
ess. 79. *A.R.* — Bords d'un fossé, dans une prairie au-
dessous de Pierre-Dure.

— alba *L. sp.* 1449. *Giboin in quenot st. ch. p.* 44. *C.C.C.*
— Bords des rivières et des ruisseaux ; partout.

Var. ò. cærulea *(Smith. S. cærulea.) Boreau. fl. cent. éd.*
1. *p.* 416. — Mêmes localités que le précédent, mais
moins commun.

— babylonica *L. sp.* 1443. *A.C.* — Planté dans les lieux humides, au bord des eaux, autour des habitations.

— undulata *Ehrh. Beitr.* 6. *p.* 101. *A.R.* — Le long d'un
ruisseau, dans un chemin au bas de St-Martin, près le tunel
du chemin de fer, au-dessous d'Angoulême.

— cinerea *L. sp.* 1449 *A.C.* — Bords des fossés et des
ruisseaux ; Saint-Marc ; Giget ; Pierre-Dure ; prairie de
Vesnat ; le long de la Charente.

— caprea *L. sp.* 1448. *C.C.C.* — Partout ; le seul pour
ainsi dire des Saules de cette section qui abonde au bord de
toutes nos rivières.

C'est bien le véritable *S. caprea* que M. Desmoulins signale comme n'existant pas dans nos départements méridionaux (*cat. Dord. supp. fin. p.* 242).

— AURITA *L. sp.* 2446. *R.R.R.* — Landes humides de la commune de Courgeac (*Sables tertiaires et Argiles réfractaires*).

— REPENS *L. sp.* 1447. *R.R.R.* — Se rencontre dans les mêmes localités que l'espèce précédente.

POPULUS TREMULA *L. sp.* 4464. *Giboin in quenot st. ch. p.* 44. *P.C.* — Forêts de Basseau; la Poudrerie; Petite-Garenne.

Dans cette dernière localité il affecte une forme buissonneuse et rabougrie, s'élevant rarement à plus de 2 ou 3 mètres.

— CANESCENS *Smith. brit.* 1080. *R.R.* — Hurtebise, le long d'un ruisseau.

— PYRAMIDALIS *Rosier. in Lam. dict.* 5. *p.* 235. *P. fastigiata. Poir. dict. Giboin in quenot st. ch. p.* 44. *C.C.C.* — Se rencontre planté partout, rarement subspontané.

CXVIII. BETULACEÆ (Endl.)

BETULATA ALBA *L. sp.* 1393. *Giboin in quenot st. ch. p.* 44. *R.R.* — Chemin des Argentiers; forêt de Basseau; Saint-Michel; forêt des Pères.

ALNUS GLUTINOSA *Gœrtn. fr.* 2. *t.* 90. *A. communis Giboin*

in quenot st. ch. p. 44. *C.C.C.* — Tous les cours d'eau
et les endroit humides.

CXIX. MYRICEÆ (A. Rich.)

MYRICA GALE *L. sp.* 1453. *R.R.R.* — Bruyères humides et
landes de Chantillac (*Sables tertiaires*).

CXXI. CUPRESSINEÆ (L. C. Rich.)

— JUNIPERUS COMMUNIS *L. sp.* 1470. *Giboin in quenot st. ch.*
p. 44. *C.C.C.* — Coteaux arides et bois de tout le département, à l'exception des arrondissements de Cognac et de
Ruffec.

CXXIII. ALISMACEÆ (R. Br.)

ALISMA PLANTAGO *L. sp.* 486. *Giboin in quenot st. ch. p.* 34.
C.C. — Fossés, bords des eaux ; Vesnat ; Chalonne ; Ruffec ; bords de la Charente ; St-Michel.

— RANUNCULOIDES *L. sp.* 487. *Giboin in quenot st ch. p.* 44.
A.R. — Landes de Soyaux ; marais de Breuty ; marécages
de Saint-Michel ; çà et là dans l'arrondissement de Confolens.

SAGITTARIA SAGITTÆFOLIA *L. sp.* 1410. *Giboin in quenot st.*

ch. p. 34. *A.C.* — Bords de la Charente ; Vesnat ; îles de Roffit ; St-Cybard ; Chalonnes ; Basseau ; Châteauneuf.

Var. ε. VALISNERIIFOLIA *Coss. et Germ. fl. par. p.* 522. *Valisneria bulbosa Poir. dict.* 8. *p.* 321. *ex. Bor. fl. cent. p.* 480. *in obs. A.C.* — Dans la Charente, pont de St-Cybard ; en face de la Poudrerie.

M. le comte Jaubert (*Bull. soc. bot. fr. t. VI. p.* 538), fait mention des rizomes et des renflements bulbeux du *S. sagittæfolia.* Nous avions observé cette particularité il y a déjà plusieurs années.

Les rizomes et les renflements n'existent que dans la variété, ce qui lui avait valu le nom de *V. bulbosa Poir.* Ces rizomes ne rampent pas sur la vase comme l'observe M. le comte Jaubert (du moins dans la Charente), mais ils sont enfoncés assez profondément, l'extrémité des bulbes seule s'élève un peu au-dessus du sol pour donner naissance à des tiges et à des feuilles.

Nous possédons des échantillons en bon état de fleurs et de fruits identiques à ceux du *Sagittaria* type, il est même rare de rencontrer la plante stérile, contrairement à l'opinion de MM. Cosson et Germain *(loc cit.), plante ordinairement stérile.*

Le *S. sagittæfolia* type produit des rizomes mais *sans bulbes.*

CXXIV. BUTOMEÆ (Rich.)

BUTOMUS UMBULLATUS *L. sp.* 532. *P.C.* — Bords des eaux ; prairies de Vesnat, de Chaillot; commune de Bréville ; Luxé ; Mansles ; Fontenille ; Villejésus ; Jarnac.

CXXV. COLCHICACEÆ (D. C.)

COLCHICUM AUTUMNALE *L. sp.* 485. *Giboin in quenot st. ch.*
p. 34. *C.C.* — Prairie de Vesnat et toutes celles des environs de Ruelle (*Portlandien*).

— ÆSTIVALE *Boreau. red. lil. t.* 478. *R.* — Prairies de Lu-
nese ; les Mérigots ; le Pontouvre (*Angoumien et Carentonien*).

Se distingue du *C. autumnale*, par ses bulbes très-gros, produisant de 8 à 10 fleurs, et non 1-2 ; par ses capsules ovales
oblongues, non obovales. renflées ; par ses feuilles de 7-8 centimètres et non de 3-5 centimètres.

Ces deux espèces croissent *toujours en touffes et par familles.*

NARTHECIUM OSSIFRAGUM *Huds. angl.* 145. *Abama ossifraga*
D C. fl. fr. 3. *p.* 171. *R.* — Bois-du-Four, commune
de Barbezières ; garenne de Villejésus ; landes tertiaires
de Montmoreau et de Chantillac ; marais de Beaulieu et
de la Faye, commune de Deviat (LECLER).

CXXVI. LILIACEÆ (D C.)

FRITILLARIA MELEAGRIS *L. sp.* 436. *A.C.* — Rouillac; prairie
de Vesnat (*Portlandien*); prairies de Foulpougne ; îles de
Roffit ; forêt de Basseau (*Gardonien*) , où il est rare.

On rencontre quelquefois une forme à tige biflore (prairie de Vesnat).

Scilla autumnalis *L. sp.* 443. *C.C.C.* — Sur tous les coteaux calcaires.

Ornithogalum sulfureum *Boreau not. sur quelques esp. pl. Franç.* (1844). *IX. d.* 19. *O. pyrenaicum* (*pro parte*). *Gren. et Godr. fl. fr.* 3. *p.* 189. *A.C.* — Forêt de Basseau ; bois de l'Epineuil et de Vesnat.

Cette espèce que les auteurs de la Flore de France comprennent dans l'*O. pyrenaicum L.* se distingue de ce dernier, par ses fleurs jaunes et ses feuilles disparaissant dès le commencement de la floraison.

— **divergens** *Bor. not.* 36. *nº* 3. *et fl. cent. éd.* 2. *p.* 507. *A.R.* — Crotet, commune d'Auge.

— **umbellatum** *L. sp.* 441. *C.* — Moissons de Vesnat ; Loup-Mellet ; Ruffec (*Oxfordien et Portlandien*); Châteauneuf (*Carentonien*) , où il est plus rare.

Allium vineale *L. sp.* 428. *A.C.* — Vignes et champs cultivés ; l'Oisellerie ; Barillon ; Ste-Barbe ; Fléac ; Basseau ; Ruffec.

— **polyanthum** *Rœm. et Schultz. syst.* 7. *p.* 1016. *R.R.R.* — Les Doussins, commune d'Auge ; le Redoux, commune de Villejésus ; dans les vignes et les champs cultivés (*Oxfordien. Portlandien*).

— **sphærocephalon** *L. sp.* 426. *Giboin in quenot st. ch. p.* 35. *C.C.* — Vignes de Rabion, Roullet, Sireuil ; moissons de Lesterps.

— **ursinum** *L. sp.* 431. *C.C.C.* — Toute la forêt de Ruffec ; Condac où il abonde (*Oxfordien*); assez rare à Barillon, près La Couronne (*Carentonien*).

— **oleraceum** *L. sp.* 429. *P.C.* — Champs entre Aizé et Villejésus ; moissons d'Espagnac, près le Grand-Lac.

— **paniculatum** *L. sp.* 428. (*non D C.*) *C.C.* — Chemin-Vert, où il fleurit très-difficilement; vignes de Syllac; au bas des remparts d'Angoulême (**Lecler**).

Endymion nutans *Dumort. fl. belg.* 140 (1827). *Scilla nutans Sm. brit.* 1. *p.* 366. *Hyacinthus non scriptus L. sp.* 433. *Giboin in quenot st. ch. p.* 35. *C.C.* — Forêt de Ruffec; forêt de Basseau ; bois de Mouthiers.

Muscari racemosum *D C. fl. fr.* 3. *p.* 208. (*non Mill.*) *C. C.* — Lieux sablonneux ; les Planes; Vesnat; St-Yrieix; village de Chez-Grelet.

— **comosum** *Mill. dict.* n° 2. *Hyacinthus comosus L. sp.* 455. *C.C.C.* — Dans toutes les vignes et les champs cultivés.

Phalangium ramosum *Lam. dict.* 5. *p.* 250. *Anthericum ramosum L. sp.* 445 *C.C.* — Tous les coteaux calcaires de l'Arche, Rabion, La Couronne, la Tourette, Breuty, Mouthiers; Bois-du-Four ; garenne de Villejésus (*Oxfordien*); la Braconne, près la Fosse-Mobile (*Portlandien*).

Simethis planifolia *Gren. et God. fl. fr.* 3t *p.* 222. *Anthericum bicolor Desf. atl.* 1. *p.* 304. *t.* 90. *R.R.* — Garde-Epée (*Sables tertiaires*) ; Baignes; toute la forêt de Jarnac.

Asphodelus albus *Willd. sp.* 2. *p.* 133. *A.C.* — Forêt de Basseau; Garde-Epée, et toute la forêt de Jarnac.

CXXVII. SIMILACEÆ (R. Brown.)

Polygonatum vulgare *Desf. ann. museum.* 9. *p.* 49. *Convallaria polygonatum L. sp.* 451. *R.R.* — Garenne d'Estrade, commune de Verdille; forêt de Tusson (*Portlandien*).

— multiflorum *All. ped.* 1. *p.* 131. *Giboin in quenot st. ch. p.* 35. *A.C.* — Forêt de Ruffec; de Tusson; de Basseau (*Oxfordien, Portlandien et Gardonien*); il abonde dans les lieux ombragés de cette localité.

Les auteurs de la Flore de France donnent à cette espèce une baie globuleuse *rouge* (*fl. fr.* 3. *p.*229). *Jamais* le *P. multiflorum* n'a les baies rouges quelque soit l'âge, l'époque ou les conditions dans lesquelles on l'observe. Elles sont d'un *beau noir bleuâtre* exactement comme dans le *P. vulgare.*

Convallaria majalis *L. sp.* 451. *Giboin in quenot st. ch. p.* 34. *C.*— Forêts de Ruffec, de Tusson; la Braconne; bois de Clergon.

Asparagus officinalis *Lam. dict.* 1. *p.* 294. *Giboin in quenot st. ch. p.* 34. —Coteaux sablonneux de Garde-Epée, commune de St-Brice; landes tertiaires de Chantillac; champs sablonneux des Planes; bois de l'Epineuil.

Ruscus aculeatus *L. sp.* 1174. *Giboin in quenot st. ch. p.* 34. *C.C.C.* — Dans tous les bois arides et sablonneux.

Les rameux foliiformes de cette plante (*Cladodies de Kunth.*), varient beaucoup dans leurs formes et leurs dimensions, tantôt très-elliptiques allongés, ils sont d'autres fois largement ovales.

CXXVIII. DIOSCOREÆ (R. Brown.)

TAMUS COMMUNIS *L. sp.* 1458. *Tamnus communis* **G***iboin in quenot st. ch. p.* 34. *A.C.* — Dans les bois humides ; forêts de Basseau, de Ruffec ; bois de Clergon ; bois de l'Oisellerie.

CXXIX. IRIDEÆ (Juss.)

IRIS PSEUDACORUS *L. sp.* 56. *Giboin in quenot st. ch. p.* 35. *C.C.C.* — Fossés, marécages, bords des eaux ; partout.

— FOETIDISSIMA *L. sp.* 57. *A.C.* — Bois du Vergnet ; forêt de Jarnac (*Purbeckien*) ; lieux ombragés de la forêt de Basseau (*Gardonien*) ; Ruffec ; Petite-Garenne ; les Bretonnières ; Mouthiers ; dans les haies du bord des chemins ; La Couronne ; Balzac ; Vars (*Carentonien, Angoumien, Oxfordien*).

GLADIOLUS SEGETUM *Gawl. bot. mag.* 716. *R.* — Coteaux de Merpins ; environs de Cognac (GUILLON) ; moissons entre Chalonnes et Balzac (DÉTOC).

C'est bien le véritable *G. segetum* caractérisé par ses capsules

*globuleuses, déprimées au sommet, obtusement trigônes avec
les angles arrondis même au sommet.* (Gren. et God. fl. fr.
3. p. 258).

CXXX. AMARYLLIDEÆ (R. Br.)

NARCISSUS PSEUDO-NARCISSUS *L. sp.* 414. *R.R.R.* — Prairies
des environs de l'Isle-d'Espagnac, près Angoulême.

— MAJOR 6. OBESUS *Gren. et God. fl. fr.* 3. *p.* 254. *R.R.* —
Prairies de Vesnat, des environs de l'Isle-d'Espagnac,
non loin des tourbières ; prairies du bord de la Charente,
près Fléac et la Poudrerie.

Cette espèce souvent cultivée, est-elle échappée des jardins
dans les localités où nous l'avons recueillie ? Cela est probable,
cependant nous n'osons l'affirmer. Ses stations dans le département sont toujours éloignées des habitations.

— BIFLORUS *Curt. bot. mag. t.* 197. *R.R.R.* — Prairies de
Vesnat ; environs de Vars et de Ruffec.

Ce Narcisse est bien réellement spontané dans la Charente !

CXXXI. ORCHIDEÆ (Juss.)

SPIRANTHES ÆSTIVALIS *Rich. Orch. Europ.* 28. *Neottia æstivalis D C. fl. fr.* 3. *p.* 248. *A.R.* — Marais tourbeux des
Gours et tout le cours de l'Houme (*Oxfordien*) ; marais
de Breuty (*Angoumien*) ; prairies de St-Michel.

— **autumnalis** *Rich. loc. cit. Coss. et Germ. par. p.* 559. A.C. — Bois calcaires et secs, pelouses ; Ruffec (*Oxfordien*); Cognac (*Coniacien*) ; bois des Bretonnières, près Sireuil (*Carentonien*) où il est très-commun, forêt de la Malestrade (*id*) ; bois de Grelet, près St-Michel ; landes de Soyaux (*Sables tertiaires*).

Cephalanthera ensifolia *Rich. Orch. Europ.* 38. *Epipactis ensifolia Swartz. act holm.* 1800. *p.* 232. **R.R.R.** — Forêt de Tusson.

— **rubra** *Rich. Orch. Europ. p.* 38. *Epipactis rubra All. ped.* 2. *p.* 153. A.C.—Bois des arrondissements de Ruffec, Cognac, Barbezieux; Petite-Garenne; Barillon, près La Couronne; Saint-Marc; Hurtebise.

Epipactis latifolia *All. ped.* 2. *p.* 151. C.C. — Bois des environs de Cognac; forêt de Ruffec ; forêt de Basseau.

—**atrorubens** *Hoffm. fl. germ. éd.* 2. *p.* 182. *E. rubiginosa Koch. syn.* 801. A.C. -- Forêt de Basseau ; Clergon ; la Petite-Garenne.

— **palustris** *Crantz. austr. p.* 462. *t.* 1. *f.* 5. R. — Marais de Lupsault; prairies tourbeuses et marécageuses de St-Michel.

Listera ovata *R. Brown. hort. kew.* 6. *p.* 201. *Neottia ovata Bluff. Fing. comp.* 153. A.C. — Longré; Estrade ; forêts de Ruffec, de Tusson (*Oxfordien. Portlandien*); forêt de Jarnac (*Purbeck*) ; forêt de Basseau (*Gardonien*); broussailles, près Hurtebise (*Carentonien*), où les feuilles acquièrent un développement considérable, jusqu'à 1 décimètre de large ; prairies tourbeuses de Belle-Roche.

Neottia nidus-avis *Rich. Orch. Europ. 29. Epipactis nidus-avis Crantz. stirp. austr. p.* 475. *A. R.* — Forêts de Basseau et de Ruffec ; particulièrement dans les lieux où croissent les châtaigners.

Limodorum abortivum *Swartz. act. holm.* 6. *p.* 80. *A.C.* — Bois-l'Oiseau, commune de Sonneville ; Veaux-Rouillac (Lecler) ; Boix-au-Roux, près Rouillac ; Saint-Trojean ; bois de Vesnat ; coteaux de l'Epineuil où il est extrêmement abondant.

Serapias lingua *L. sp.* 1344. *R. R.* — Pré voisin du village de Puycouteau, commune de Touvérac (*Dordonien*).

Aceras anthropophora *R. Br. h. kew.* 191. *part. Ophrys anthropophora L. sp.* 1343. *Giboin in quenot st. ch. p.* 35. *C.C.C.* — Tous les coteaux calcaires de Chante-Grelet, l'Arche, le Château-du-Diable ; chaumes arides des bords de la route de Saintes, en face des Planes.

— hircina *Lindl. orch.* 282. *Satyrium hircinum L. sp.* 1337. *Loroglossum hircinum Rich. ann. mus.* 4. *p.* 54. *A.C.* — Dans les terrains calcaires et sablonneux ; bois de pins de la Poudrerie ; Saint-Michel ; forêt de Basseau ; Vesnat ; quelquefois, mais plus rarement sur les coteaux arides ; Chante-Grelet ; les Bretonnières.

— pyramidalis *Rchb. ic. vol.* 13. *p.* 6. *t.* 9. *Orchis pyramidalis L. sp.* 1332. *R.* — Bords de la route de Montmoreau à Courgeac ; chaumes des Bretonnières ; bois arides de Dirac et Latranchade.

Cette espèce qui se rencontre toujours sur les pelouses sèches et les bois arides, a été rencontrée dans un pré humide près Saint-Michel, par M. Détoc. Cette station inusitée n'a influé en rien sur les échantillons qui en proviennent, ils sont en tous points semblables à ceux des stations ordinaires à cette plante.

ORCHIS MORIO *L. sp.* 1333. *Giboin in quenot st. ch. p.* 35. *C. C.C.* — Landes et coteaux calcaires ; bois arides ; partout.

— USTULATA *L. sp.* 1333. *A.C.* — Prairies entre Longré et Paizé-Naudoin (*Oxfordien*) ; marais de l'Houme ; prairies des environs de Brossac ; pelouses arides de la forêt de Basseau ; prairies tourbeuses du Got.

— SIMIA *Lam fl. fr.* 3. *p.* 507 *et dict.* 4. *p.* 592. *R.R.R.* — Garenne d'Estrade, commune de Verdille ; prairies tourbeuses d'Hurtebise.

— MILITARIS *L. fl. suec. éd.* 2. (1755) *p.* 310. *et sp.* 1333. *O. galeata Lam. dict.* 4. *p.* 593. (1797). *O. militaris Giboin in quenot st.ch. p.* 35. *R.* — Prairies entre Auge et Crotet ; Bois-Beaudreau , commune des Gours ; prairies tourbeuses de Belle-Roche, près la Petite-Tourette.

— PURPUREA *Huds. fl. angl. éd.* 1. *p.* 334. (1762). *O. fusca Jacq. austr.* 4 *p.* 307. (1776). *P.C.* — Bois de Ferrières, près Longré ; forêts de Jarnac, de Tusson, de Basseau ; Petite-Garenne où il est rare.

— MASCULA *L. sp.* 1333. *Giboin in quenot st. ch. p.* 35 *A. C.* — Forêts de Basseau, de Ruffec ; bois de Clergon, dans les endroits humides et ombragés.

— LAXIFLORA *Lam. fl. fr.* 3. *p.* 504. *Giboin in quenot st. ch. p.* 35. *C.C C.* — Dans les prairies tourbeuses de Pierre-Dure ; Giget ; Saint-Michel ; Basseau ; La Tourette.

— **LATIFOLIA** *L. sp.* 1334. *A.C.* — Prairies de Basseau, Saint-Michel; les Bretonnières; Sireuil.

— **INCARNATA** *L. fl. succ. p.* 312 *et sp.* 1335. *sec. Fries. A.C.* —

Dans les mêmes localités que le précédent avec lequel il a été confondu et dont il se distingue surtout :

Par ses bractées ordinairement *toutes plus longues que les fleurs*, et par ses fleurs *couleur de chair*, non *d'un pourpre foncé*.

— **MACULATA** *L. sp.* 1335. *A.C.* — Marais de Garde-Epée, commune de Saint-Brice; prairies et forêts de Basseau, Saint-Michel; landes de Brossac; Montmoreau; Touvérac.

— **BIFOLIA** *L. sp.* 1331. *Giboin in quenot st. ch. p.* 35. *Platanthera bifolia Rchb. fl. exc.* 120. *Coss. et Germ. fl. par. t.* 32. *A.R.* — Bois et Bruyères de l'Epineuil, près St-Yrieix; forêts de Tusson, de Jarnac.

— **MONTANA** *Schmid. fl. boëm.* (1793). *p.* 35. *Platanthera chlorantha Coss. et Germ. par.* 555. *P.C.* — Bois des Bretonnières; forêts de Bassseau et de Ruffec.

— **CONOPSEA** *L. sp.* 1335. *Gymnadenia conopsea R. Br. kew. éd.* 2. *vol.* 5. *p.* 191. *Coss. et Germ. fl. par.* 554. *R.R.* — Prairies de Patreville; Coudert, près Oradour-Chillé; Barbezieux.

— **ODORATISSIMA** *L. sp.* 1335. *Gymnadenia odoratissima Rich. mem. mus.* 4. *p.* 35 *R.R.R.* — Habite les mêmes localités que l'espèce précédente avec laquelle elle vit en société.

— **VIRIDIS** *Crantz. austr.* 491. (1769). *Gymnadenia viridis*

Rich. ann. mus. 4. *p.* 57. *Coss. et Germ. par.* 555.
R.R. — Prairies de Longré ; Paizé-Naudoin ; Belle-Roche,
près La Tourette.

Ophrys aranifera *Huds. fl. angl. éd.* 2. *p.* 392. (1778). *C.
C.C.* — Sur tous les coteaux arides et calcaires ; bois secs
et rocailleux.

— arachnites *Reich. fl. mœn-franc.* 2.*p.* 89. *Giboin in quenot st. ch. p.* 35. *A.R.* — Chaumes calcaires de Laca-
deau, commune de Saint-Fraigne ; Montmoreau ; Brossac ;
chaumes des Bretonnières ; bois de l'Epineuil ; St-Yrieix ;
Vesnat.

— apifera *Huds. fl. angl. éd.* 1. *p.* 340 *et éd.* 2. *p.* 391.
C.C.C. — Coteaux calcaires, mélangé avec l'*O. aranifera.*

— fusca *Link in Schrad. diar.* 2. (1799). *p.* 325. *A.R.* —
Forêt de Basseau ; coteaux de l'Epineuil ; Cognac ; Jarnac (*Gren. et God. fl. fr.* 3. *p.* 305).

CXXXII. HYDROCHARIDEÆ (L. C. Rich.)

Hydrocharis morsus-ranæ *L. sp.* 1466. *Giboin in quenot st.
ch. p.* 35. *P.C.* — Fossés pleins d'eau des bords de la
Charente ; dans la prairie de Vesnat, près Bardines, dans
une flaque d'eau, non loin du bord de la rivière.

CXXXIII. JUNCAGINEÆ (Rich.)

TRIGLOCHIN PALUSTRE *L. sp.* 482. — Marais de l'Houme ;
prairies marécageuses entre Boisbeaudreau et les Gours.
R.R.R.

CXXXIV. POTAMEÆ (Juss.)

POTAMOGETON NATANS *L. sp.* 182. *Giboin in quenot st. ch. p.*
33. *C.C.* — Fossés d'eau stagnante des bords de la Charente ; prairie de Vesnat ; environs de Ruffec ; Condac.

— FLUITANS *Roth. tent. fl. germ.* 1. *p.* 72 *et* 2. *p.* 202. *R.*
R. — Ruisseaux et petites rivières des terrains granitiques
des environs de Brillac et de Lesterps ; eaux à courants
rapides.

— POLYGONIFOLIUS *Pourr. chl. narb. act. toul.* 3 *p.* 315.
(1778). *P. oblongus Viv. frag. ital. p.* 1. *t.* 2. (1808).
et ann. bot. 1. *p.* 102. (1802). *C.C.* — Landes siliceuses
de Touvérac et Chantillac.

— RUFESCENS *Schrad. in Cham. adn. ad Kunth. fl. berol.*
p. 5. *R.R.R.* — Ruisseau en aval du Moulin-du-Coudert,
commune d'Oradour-Chillé.

— PLANTAGINEUS *Ducros ap. Ræm. et Schultz. syst.* 3. *p.*
504. (1828). *P. hornemanni Mey. chl. han.* 521.
(1836). *A.R.* — Rivières du Péré et de l'Houme ; Lup-

sault ; Chillé ; marais de Breuty ; fossés des environs de Lunesse.

— ʹLUCENS *L. sp.* 183. *P.C.* — Dans la Charente ; Roffit ; Vesnat ; Chalonnes ; Basseau et St-Michel.

— PERFOLIATUS *L. sp.* 182. *A.C.* — Dans la Charente, mêmes localités que le précédent.

— OBTUSIFOLIUS *M. K. dtschl.* 1. *p.* 855. *R R.R.* — Cours d'eau entre la Charente et le bourg de Merpins.

— PUSILLUS *L. sp.* 184. *Coss et Germ. par. t.* 33. *A.R.* — Marais entre Boisbeaudreau et le Gravier ; fossés stagnants le long d'une prairie à Belle-Roche.

— TRICHOIDES *Cham. et Schl. in linn.* 2. *p.* 176. *P. monogynus Gay apud Coss. et Germ. suppl. cat.* 89. *et fl. par.* 578. *A.C.* — Dans la Charente à Chalonnes ; Roffit ; St-Michel ; Nersac ; Sireuil.

— PECTINATUS *L. sp.* 183. *R.* — Nous n'avons jusqu'ici rencontré cette espèce que dans la Touvre, rivière excessivement froide, et où il est très-abondant.

— DENSUS *L. sp.* 182. *C.C.C.* — Rivières, étangs, fossés ; partout.

Var. *6.* LAXIFOLIUS *Gren. et God. fl. fr.* 3. *p.* 320. *P. serratum L. sp.* 183. *C.C.* — Avec le type.

ZANICHELLIA PALUSTRIS *L. sp.* 1375. *A.C.* — Sainte-Sévère ; Jarnac ; Touvérac ; dans une mare près du château.

Cette espèce, d'après les auteurs, et particulièrement MM. Grenier et Godron (*fl. fr.* 3. *p.* 329), est commune dans tout l'Ouest de la France, mais surtout dans les eaux saumâtres et stagnantes près de la mer.

Les localités où nous l'avons observée, localités assez nombreuses, sont toutes comme on le voit à une grande distance des côtes, il est impossible cependant de confondre cette espèce avec la suivante.

— DENTATA *Willd. sp. 4. p.* 181. *A.C.* — Cours d'eau dans une prairie à Crotet, commune d'Auge ; mare du Fouilloux, commune d'Agris, près Larochefoucauld.

CXXXVII. LEMNACEÆ (Dub.)

LEMNA TRISULCA *L. sp.* 1376. *A.C.* — Fossés, eaux vives ; Clergon ; dans la Charente au milieu des herbes ; Anguienne ; les Eeaux-Claires, près le Petit-Rochefort ; Ste-Sévère ; Giget.

— MINOR *L. sp.* 1376. *C.C.C.* — Fossés, eaux stagnantes ; partout.

— GIBBA *L. sp.* 1277. *Telmatophace gibba Schleid. in Linn.* 13. 391. *et ann. sc. nat.* 13. (1840). *p.* 148. *A.R.* — Mare au levant d'Estrade, commune de Verdille ; fossés du chemin des Argentiers ; fossés des bords de la Charente, près Vesnat.

— POLYRHIZA *L. sp.* 1377. *R.* — Fossés des bords de la Charente près Vesnat ; chemin des Argentiers ; marécages de St-Cybard.

CXXXVIII. AROIDEÆ (Juss.)

ARUM MACULATUM *L. sp*. 1370. *Giboin in quenot st. ch. p*.
33. *R.R.* — Dans un bois ombragé à Condac, près Ruffec.

— ITALICUM *Mill. dict. n° 2. Lloyd. fl. Ouest. p*. 432. *C.C.
C*. — Bois humides, bords des chemins, haies; partout.

CXXXIX. TYPHACEÆ (Juss.)

TYPHA LATIFOLIA *L. sp*. 1370. *Giboin in quenot st. ch. p*. 34.
A.C. — Bords de la Charente, à la Pierre et St-Cybard ;
mares d'écorchements du chemin de fer à Livernan, Chalais.

— SUTTLWORTHII *Koch et Sonder. syn*. 786. *Desmoulins.
cat. Dord. sup. fin. p*. 254. *P.C*. — Landes de Soyaux ;
mares d'écorchements du chemin de fer de Chalais ; Livernan.

— ANGUSTIFOLIA *L. sp*. 1377. *R.R.R*. — Champs marécageux
des moissons de Lunesse, dans les mares formées par
l'extraction des argiles pour les tuileries.

SPARGANIUM RAMOSUM *Huds. fl. angl*. 401. *C.C.C*. — Fossés,
rivières ; partout.

— SIMPLEX *Huds. fl. angl*. 401. *P.C*. — Fossés et marécages

de la prairie de Vesnat; St-Michel ; Ruffec , sur les bords
du Lien.

CXL. JUNCEÆ (D C.)

JUNCUS CONGLOMERATUS *L. sp.* 464. *C.C.* — Marécages des
environs de Lunesse ; Petite-Garenne ; forêt de Basseau ,
landes de Soyaux.

— CAPITATUS *Weig. obs.* 28. (1772). *R.* — Landes tertiaires
de Soyaux et du Grand-Lac, près Espagnac, sur la route
de Périgueux.

— SUPINUS *Mœnch. enum. hass. p.* 296. *t.* 5. (1777). *Juncus bulbosus L. sp. éd.* 1. *p.* 327. *(non éd.* 2.) *Giboin
in quenot st. ch. p.* 34. *A. C.* — Landes de Chantillac ;
Bors ; Baignes.

Var. ε. REPENS *J. uliginosus Roth. tent.* 1. *pars.* 2. *p.*
405. *C.C.* — Bords des eaux, lieux très-humides, flaques
d'eau dans les landes de Soyaux.

— LAMPROCARPUS *Ehrh. calam. n°* 126. *C.C.C.* — Se trouve partout.

— SYLVATICUS *Reich. fl. mœno-franc.* 2. *p.* 181. (1778). *J.
acutiflorus Ehrh. beitr.* 6. *p.* 86. *R.R.* — Marais de
l'Houme et du Péré.

— OBTUSIFLORUS *Ehrh. beitr.* 6. *p.* 83. *R.R.R.* — Marais
de Lupsault.

— COMPRESSUS *Jacq. en. stirp. vind.* 60. *et* 235. (1762).

R.R. — Marécages de St-Cybard sous Angoulême, sur les graviers charriés par la Charente pendant les crues.

— TENAGEIA *L. f. suppl.* 208. *A.C.* — Forêt de Jarnac; tous les chemins humides des landes de Soyaux et du Grand-Lac.

— BUFONIUS *L. sp.* 466. *C.C.C.* — Forêt de Basseau, allées humides; landes de Soyaux; fossés humides des routes.

Nous avons rencontré, croissant dans les argiles tertiaires des landes de Soyaux, une très-jolie forme *vivipare* de cette espèce.

Les cimes corymbifères sont entremêlées de fleurs normales et de bulbiles foliacées.

LUZULA FORSTERI *D C. fl. fr.* 5. *p.* 304. *A.C.* — Forêt de Tusson; Basseau; Ruffec; forêt de la Braconne; bois du Fouilloux.

— CAMPESTRIS *D C. fl. fr.* 3. 161. *Juncus nemorosus Host. gram.* 3. *t.* 97. *C.C.* — Bois du Bouchau, commune de St-Cybardeaux, tous les bois sablonneux de la Poudrerie et de la forêt de Basseau; bois des environs de Fléac; forêt de Ruffec.

— MULTIFLORA *Lej. fl. Spa.* 1. *p.* 169. *A.C.* — Bois de Vesnat; près St-Yrieix; l'Epineuil; forêt de Basseau; Bois-Menut; bois non loin du cimetière de l'Isle-d'Espagnac.

Var. 6. CONGESTA *Gren. et God. fl fr.* 3. *p.* 356. *L. congesta. Lej. fl. Spa.* 1. *p.* 163. *A.C.* — Se rencontre mêlé avec le type, surtout sur les coteaux de Garde-Epée, commune de St-Brice.

15

CXLI. CYPEROIDEÆ (Juss.)

Cyperus longus *L. sp.* 67. *Giboin in quenot st. ch. p.* 34.
C.C.C. — Prairies et bords des eaux ; Syllac ; St-Martin ;
Vesnat ; la Poudrerie ; Ruffec ; bords de la Charente ;
Ruelle.

— **fuscus** *L. sp.* 69. *A.R.* — Marécages de St-Michel, marais de Breuty.

— **monti** *L. fil. suppl.* 102. *D C. fl. fr.* 3. *p.* 146. *Lloyd. fl.
Ouest. p.* 474. *R.R.* — Le long d'un fossé d'eau stagnante
près St-Germain-sur-Vienne.

Cette espèce paraît être particulière aux terrains granitiques
dans notre département.

— **flavescens** *L. sp.* 68. *R.* — Forêt de Basseau, près Saint-
Michel ; marais de l'Houme ; tourbières de Breuty.

Schoenus nigricans *L. sp.* 64. *C.C.C.* — Longré ; Paizé-
Naudouin ; marais de l'Houme ; de Breuty ; prairies tourbeuses de Pierre-Dure ; Mouthiers ; l'Oisellerie.

Cette plante essentiellement marécageuse, se rencontre quelquefois sur les coteaux calcaires et d'une sècheresse excessive
au milieu de débris des carrières, à Chante-Grelet et sur les
chaumes de l'Arche. Elle est alors de très-petite taille, à feuilles
raides et très-glauques.

Cladium mariscus *R. Brown. prodr.* 92. *Schœnus mariscus. L. sp.* 62. *C.C.C.* — Forme le fond de presque tou-

tes les prairies tourbeuses connues sous le nom de *prairies
à rouches*, dans toutes les vallées marécageuses formées
par les ruisseaux des Eaux-Claires, l'Anguienne, la Boë-
me, la Chareau, la Tude, etc.

ERIOPHORUM ANGUSTIFOLIUM *Roth. fl. germ.* 2. *p.* 63. *R.* —
Marais de Garde-Epée, commune de Saint-Brice; prairies
marécageuses au-dessous de Brillac.

Plante particulière aux terrains siliceux et granitiques, dans
la Charente.

— LATIFOLIUM *Hoppe Taschenb.* 108. *P.C.* — Marécages de
St-Michel; Longré; Taizé-Aizie; Oradour-Chillé.

SCIRPUS MARITIMUS *L. sp.* 74 *C.C.* — Sainte-Sévère et tout le
pays-bas.

Comme le fait observer si judicieusement M. Desmoulins
(*cat. Dord. supp. fin. p.* 311), c'est là un des noms spécifiques
les moins heureusement institués par Linné, car cette espèce
se rencontre *au moins* aussi abondamment dans les terres que
sur les côtes.

— HOLOSCHOENUS *L. sp.* 72. *C.C.C.* — Partout dans les endroits humides.

— LACUSTRIS *L. sp.* 72. *C.C.C.* — Rivières, étangs, dans tout
le calcaire; ne se rencontre jamais dans les rivières et les
étangs granitiques et siliceux.

M. C. Desmoulins, dans une savante notice (*in act. acad.
Bord.* 1849), constate et décrit un fait que la plupart des Botanistes semblent ignorer, ou du moins dont ils font peu de cas,
nous voulons parler de la présence de feuilles dans le *Scirpus
lacustris.*

Cet état de la plante avait été constaté pour la première fois dans la Flore d'Indre-et-Loire en 1833 (*Desm. loc. cit. p.* 12. *tir. à part.*), par un botaniste dont le nom est resté ignoré ; depuis MM. Cosson et Germain, *seuls*, en ont fait mention dans leur flore des environs de Paris (sous-variété *fluitans. loc. cit. p.* 611).

Pour la consciencieuse description et les détails sur les feuilles flottantes du *Scirpus*, nous ne pouvons mieux faire que de renvoyer à la notice de l'éminent botaniste de la Dordogne ; nous croyons cependant devoir donner quelques détails sur des observations personnelles et qui diffèrent par plusieurs points de celles contenues dans la notice précitée.

D'après M. Desmoulins, deux conditions sont indispensables à la production des feuilles du *Scirpus* : « *Une eau vive et profonde ; un courant constant et rapide.* »

Cela est vrai le plus ordinairement. et c'est ce que nous observons tous les ans dans la Charente et les petites rivières du calcaire dont le fond est tapissé par les feuilles longues et *zostériformes* du *S. lacustris ;* mais ces conditions ne sont pas *essentielles, indispensables.*

Nous possédons, en effet, des échantillons recueillis dans les flaques d'eau profondes de la prairie de Vesnat, avec des feuilles parfaitement développées et en tout semblables aux feuilles des eaux courantes. Il y a ainsi : 1° *Production de feuilles dans l'eau stagnante.* D'un autre côté dans les petites rivières, telles que l'Anguienne et les Eaux-Claires par exemple, qui, en certains endroits, n'ont pas plus de 3 à 4 décimètres de profondeur, le *Scirpus* produit des feuilles identiques *encore* à celles des eaux profondes ; 2° *Production de feuilles dans l'eau peu profonde.*

Un autre état que présente souvent le *S. lacustris*, est celui où il y a : *Production de feuilles hors de l'eau.*

Cet état se présente particulièrement dans les échantillons qui croissent au milieu des graviers charriés par les crues, et demeurés à sec après les inondations. Nous en avons cueilli de nombreux spécimens à Basseau, près le pont, et dans les marécages de St-Cybard.

Dans ces conditions, les feuilles sont entièrement différentes des feuilles submergées. De 30 à 40 centimètres, elles sont *étroites, profondément cannaliculées, roides, atténuées, en pointe au sommet, légèrement carenées et longuement engaînantes, un peu rugueuses sur leurs faces, faiblement ondulées sur les bords, d'un vert clair.*

Loin de considérer le *S. lacustris* comme une espèce produisant accidentellement des feuilles, nous sommes au contraire fortement convaicus que l'absence de ces feuilles est un état *anormal* de la plante.

MM. Grenier et Godron (*fl. fr.* 3. *p.* 373), établissent un rapprochement entre les *Scirpus* et les *Polygonum*, relativement aux variations des stigmates que l'on rencontre dans ces deux genres. Qu'il nous soit permis de suivre cet exemple , mais à un autre point de vue, et de comparer le *S. lacustris* avec le *P. natans.*

De même que la variété *terrestris* de cette dernière espèce , diffère de la variété *natans*, surtout par ses feuilles roides et non nageantes, différence qui, bien certainement, n'est due qu'à la présence du *P. natans, hors de l'eau*, de même dans le *S. lacustris*, qui produit *toujours à l'état normal* des feuilles submergées, ne pourrait-on pas établir une variété *terrestris* à

feuilles non nageantes et caractérisées comme nous l'avons dit
plus haut ?

Ce fait de la production des feuilles hors de l'eau, se rencontre également dans la variété *6. digynus Gren. et God.* (*var.*
6. glaucus Coss. et Germ. Scirpus glaucus Smith. S. taber-
næmontani Gmel.), variété qui, comme on le sait, habite ordinairement les marécages et les prairies tourbeuses.

> *Var. 6.* DIGYNUS *Godr. fl. lorr.* 3. *p.*90. *A.C.* — Marais de
> Breuty; prairies tourbeuses près le pont de Basseau.

— SUPINUS *L. sp.* 73. *Isolepis supina R. Brown. prod.* 1.
p. 77. *P.C.* — Prairies, marécages des environs de St-
Germain (*Granitique*).

— SETACEUS *L. sp.* 73. *Giboin in quenot st. ch. p.* 34. *Iso-*
lepis setacea R. Brown. prodr. 1. *p.* 78. *A.C.* —
Landes tertiaires de Soyaux; Chantillac; Bors; Touvérac;
endroits marécageux de la forêt de Basseau.

— FLUITANS *L. sp.* 71. *Isolepis fluitans R. Brown.* 1. *p.*
224. *R.R.* — Landes de Chantillac, Bors et Touvérac.

ELEOCHARIS PALUSTRIS *R. Brown. prodr.* 1. *p.* 80. *Scirpus*
palustris L. sp. 70. *C.C.* — Prairies marécageuses des
environs de Ruffec, Condac.

— UNIGLUMIS *Koch. syn. éd.* 1. *p.* 738. *C.C.C.* — Prairies
de Vesnat, le long des fossés qui bordent la Charente;
prairies tourbeuses des environs de St-Michel; prairies de
Basseau, en face du pont.

— ACICULARIS *R. Brown. prodr.* 1. *p.* 80. *Scirpus acicula-*
ris L. sp. 71. *R.R.R.* — Sur le bord des fossés et des
flaques d'eau de la prairie de Vesnat.

Rhynchospora alba *Vahl. enum. 2. p. 236. Schœnus albus L. sp.* 65. *A.R.* — Landes de Chantillac ; Touvérac et Bors.

Carex dioica *L. sp.* 1379. *Giboin in quenot st. ch. p. 34.* *R.R.R.* — Fossés des environs de Saint-Germain-sur-Vienne, tout près de la station du *Cyperus monti* (*Granitique*).

— pulicaris *L. sp.* 1380. **R.R.** — Landes tertiaires de Garde-Epée, marécages de Saint-Michel (*Carentonien*) ; landes de Soyaux, du Grand-Lac.

— divisa *Huds. fl. angl. éd.* 1. *p.* 348. *R.* — Marais de Freyères, commune de Longré ; prairies de Basseau (*Portlandien et Gardonien*).

— disticha *Huds. fl. angl. éd.* 4. *p.* 403. *R.* — Marais voisins des Hauts-Fourneaux de Taizé-Aizie (*Grande Oolithe*).

— vulpina *L. sp.* 1382. *P.C.* — Bois de la Sausonnerie, commune de Mesnac.

— muricata *L. sp.* 1382. *C.C.C.* — Bois-Frais, bords des eaux ; Petite-Garenne ; forêt de Ruffec ; forêt de Basseau ; bords de la Charente, près la Poudrerie ; Ruelle.

— divulsa *Good. trans. of. Linn. soc.* 2. *p.* 160. *A.C.* — Motte de Cherves ; bois de Breuty.

— teretiuscula *Good. trans. of. Linn. soc* 2. *p.* 163. *t.* 19. *f.* 3. *R.R.R.* — Marécages de la forêt de Basseau, près d'une ancienne voie romaine, non loin du petit magasin à poudre.

— echinata *Murr. prodr. p.* 76. (1770) *non Desf.* **C.** *stellulata*

Good. trans. of. Linn. soc. 2. *p.* 144. (1794). *R.* — Marais de Garde-Epée, commune de Saint-Brice.

— REMOTA *L. sp.* 1383. *A.C.* — Garde-Epée, près l'église de la Châtre; Patreville, commune de Bonneville; Vesnat, le long des chemins.

— STRICTA *Good. trans. of. Linn. soc.* 2. *p.* 196. *t.* 21. *f.* 9. *C.C.* — Bords de la Charente; fossés de Basseau, Saint-Michel; Saint-Mare; le long d'un ruisseau à Belle-Roche.

— ACUTA *Fries. mant.* 3 *p.* 151 *et summ. scand.* 228. *P.C.* — Fossés de Foulpougne; le Pontouvre; le Gond; fontaine de Freyères, près Longré.

— GLAUCA *Scop. carn.* 2. *p.* 223. *C.C.C.* — Landes humides, coteaux; partout.

Var. α. GENUINA *Gren. et God. fl. fr.* 3. *p.* 405. Avec le type. — Marais de Garde-Epée. *P.C.*

— PALLESCENS *L. sp.* 1386. *P.C.* — Bois des environs de Brossac; Petite-Garenne.

— PANICEA *L. sp.* 1387. *P.C.* — Marais de Saint-Michel, près la forêt de Basseau.

— PRÆCOX *Jacq. fl. austr.* 5. *p.* 23. *t.* 446. *C.C.C.* — Petite Garenne; forêt de Basseau; Puy-Merle; forêt de Boixe, Poudrerie; Saint-Michel.

Var. α. SICYOCARPA (*Nobis*). *C. sicyocarpa Lebel! obs. sur. pl. de la Manche.* 1848. *p.* 18 *et Breb. fl. norm. éd.* 2. *p.* 293 *R.R.* — Bois entre Rouillac et Echallat.

Nous croyons devoir former une variété de cette forme rare

que quelques auteurs ont considérée comme espèce. Elle se distingue par ses fruits en forme de gourde à col allongé.

— TOMENTOSA *L. mant.* 123. *A.R.* — La Sausonnerie, commune de Mesnat; La Châtre, commune de Saint-Trojean; bois de Freyères, près Longré; Crotet, commune d'Auge; bois de l'Epineuil; prairies de la forêt de Basseau.

— MONTANA *L. fl. suec. éd.* 2. *p.* 328. *R.* — Bois de la Petite-Garenne, près Saint-Martin.

— HALLERIANA *Asso. syn. n°* 922. *t.* 9. *f.* 2. (1779). *C. gynobasis Vill. Dauph* 2. *p.* 206. *R.R.* — Forêt de Tusson.

— HUMILIS *Leyss. fl. hal.* 175. *C.C.C.* — Sur tous les coteaux calcaires; Chante-Grelet; l'Arche; chaumes de Crages, Puymoyen, Dirac, Tout-y-Faut, Bois-Menut, Isle-d'Espagnac, Vœuil, Mouthiers, La Couronne.

— DIGITATA *L. sp.* 1383. *Giboin in quenot st. ch. p.* 34. *R.R.* — Forêt de Tusson (*Oxfordien*).

— SYLVATICA *Huds. engl. fl. éd.* 1. *p.* 353. *A.C.* — Bois de Breuty; l'Oisellerie; forêt de Ruffec.

— FLAVA *L. sp.* 1384 *C.C.C.* — Marais de Saint-Michel; Breuty; bois de l'Oisellerie; Verdille; La Couronne.

— OEDERI *Ehrh. calam. n°* 79. *A.C.* — Prairies de Foulpougne; landes de Soyaux; tourbières de Breuty; Petite-Garenne.

— HORNSCHUCHIANA *Hoppe. flora.* 1824. *p.* 599. *et caric. p.* 76. *P.C.* — Marais des Gours; Patreville; Crotet; Auge.

— DISTANS *L. sp.* 1387. *P.C.* — Prairies de Foulpougne; marais de Breuty.

— **binervis** *Sm. trans. of. linn. soc.* 5. *p.* **268.** *et fl. Brit.*
993. *R.R.* — Marécages de Garde-Epée, commune de
Saint-Brice.

— **pseudocyperus** *L. sp.* 1387. *R.R.* — Fossés près la tuile-
rie de Lunesse ; sur les bords du chemin qui conduit de
Ruelle à Villement.

— **paludosa** *Good. trans. of. linn. soc.* 2. *p.* 202. *C.C.C.* —
Prairies de Saint-Cybard ; la Poudrerie ; les Planes ; Basseau ; Bardines.

— **riparia** *Curt. fl. lond.* 4. *t.* 60. *C.C.C.* — Sur le bord de
tous les cours d'eau.

— **hirta** *L. sp.* 1389. *C.C.* — Auge ; Boisbeaudreau ; marais
de Garde-Epée (*Sables tertiaires*) ; la Terne, près Luxé
(*Portlandien*) ; prairies de Saint-Marc (*Carentonien*) ;
Saint-Martin, sous Angoulême.

CXLII. GRAMINEÆ (Juss).

Leersia oryzoides *Soland. in Swartz. fl. ind. p.* 119. *R.R.
R.* — Pont de la Becasse, sur la route de Limoges à An-
goulème, non loin de La Rochefoucauld (*Oxfordien*) ; St-
Angeau, Mansle (**Lecler**) ; marécages de Saint-Michel
(*Carentonien*).

On rencontre rarement cette graminée pourvue d'une panicule terminale arrivée à un entier développement. La seule loca-

lité où nous l'ayons jusqu'ici rencontrée, en cet état, est celle de Saint-Michel.

Contrairement à l'opinion de quelques botanistes, le *Leersia oryzoides* est toujours fertile. Les caryops sont parfaitement conformés même dans les échantillons où les organes de la fructification ne sont pas exserts.

PHALARIS TRUNCATA *Guss. prodr. suppl. p.* 18 *et syn.* 1 *p.* 118. *P. aquatica Desf. atl.* 1. *p.* 56. R. R. R.

Cette rare espèce, qui paraît être originaire d'Afrique et qui ne doit sa présence en France que par l'intermédiaire des céréales apportées d'Algérie, ne s'est rencontrée jusqu'ici qu'une seule fois dans le département de la Charente, dans les champs sablonneux des Planes, où nous l'avons découverte depuis peu de temps.

Nous avons pris de nombreux renseignements tendant à savoir si quelques céréales de provenance étrangère n'avaient point été semées dans le voisinage ou dans le champ même où nous avons cultivé cette graminée.

Depuis longtemps ces terrains étaient restés en friche et aucune espèce de céréales n'y a été cultivée depuis longues années.

Nous ignorons complètement à quelle cause on peut attribuer la présence du *P. truncata* dans cette station.

— **ARUNDINACEA** *L. sp.* 80. *Giboin in quenot st. ch. p.* 34. *P.C.* — Bords de la Charente, à Saint-Cybard, au lieu appelé la Pierre; sur les bords de l'Anguienne, près le pont de Vars, route de Montmoreau, au bas d'Angoulême.

Anthoxanthum odoratum *L. sp.* 40. *Giboin in quenot st. ch. p.* 34. *C.C.C.* — Bois sablonneux de toute la partie calcaire du département.

— **puelii** *Lecoq et Lamotte! cat. pl. Auvergne. p.* 385. *Puel et Maille. herb. fl. loc. n*os 13, 35 *et* 79. *C.C.C* — Moissons de toute la partie granitique ; environs de Montbron (Guillon).

Mibora verna *P. Beauv. agrost p.* 29. *t.* 8. *f.* 4. *Agrostis minima L. sp.* 93. *C.C.C.* — Partout.

Cette gracieuse petite plante qui fleurit dès le mois de février, est tellement abondante, surtout dans les vignes, qu'elle donne à toute la campagne une teinte rougeâtre d'un très-joli effet.

Phleum pratense *L. sp.* 79. *C.C.* — Lieux arides ; Petite-Garenne ; Rabion ; La Couronne.

Var. ε. **nodosum** *Gaud. helv.* 1. *p.* 164. *P. nodosum L. sp.* 88. *A.C.* — Chemins argileux et très-battus de la Petite-Garenne ; bois de l'Epineuil ; coteaux de l'Arche ; Chante-Grelet

Alopecurus pratensis *L. sp.* 88. *A.R.* — Prairies des environs de Ruffec, près la forêt.

— **agrestis** *L. sp.* 89. *C.C.C.* — Dans toutes les moissons et les champs cultivés.

— **bulbosus** *L. sp.* 1666. *A.R.* — Prairies humides de Fraichefont, commune d'Auge ; Vesnat ; le long des fossés pleins d'eau de la Cagouillère ; chemin inondé des Argentiers

Sesleria cærulea *Arduin. specim. alt.* 18. *t.* 6. *f.* 3-5. *C.C. C.* — Tous les coteaux calcaires des environs d'Angoulême; Rabion ; Clergon ; l'Arche ; La Tourette ; La Couronne, etc.

Echinaria capitata *Desf. alt.* 1. *p.* 385. *R.R.R.* — Moissons des environs de Ranville ; moissons du canton de Confolens.

Setaria viridis *P. Beauv. agrost. p.* 51. *Panicum viride L. sp.* 83. *C.C.* — Vignes, champs cultivés, jardins, surtout dans les terrains sablonneux.

— **verticillata** *P. Beauv. agrost. p.* 51. *Panicum verticillatum L. sp.* 82. *Giboin in quenot st. ch. p.* 34. *A.C.* — Landes et moissons de Chantillac ; Baignes ; Touvérac ; Segonzac ; Syllac.

Dans cette dernière localité, on rencontre fréquemment des échantillons de cette espèce qui parviennent jusqu'à une hauteur d'un mètre ; il n'est pas rare de rencontrer des épis de 1 décimètre de long sur 10-15 millimètres de large.

Panicum crus-galli *L. sp.* 83. *A.C.* — Jardins, lieux cultivés, décombres ; à peu près partout.

s. v. b. **aristatum** *Coss. et Germ. fl. par. p.* 622. — Mélangé avec le type, mais moins commun.

— **sanguinale** *L. sp.* 84. *C.C.C.* — Terrains sablonneux , jardins, champs cultivés ; partout.

Cynodon dactylon *Pers. syn.* 1. *p.* 85. *Paspalum dactylon D C. fl. fr.* 3. *p.* 16. *A.C.* — Terrains sablonneux ; champs de Syllac, du village de Chez-Grelet ; Lunesse ; le Maine-Blanc.

Cette espèce est très-longuement rampante, mais il arrive

que lorsqu'elle se trouve auprès d'une haie, elle s'élève droite jusqu'à la hauteur de cette haie qui lui sert de point d'appui.

Dans ces conditions, ses tiges sont entièrement nues à la base souvent d'une hauteur de 2 et 3 mètres, portant au sommet un paquet de feuilles très-longues et disposées en éventail. Ses épis sont aussi bien plus grands que dans les stations ordinaires. Cette forme est assez commune dans une haie du jardin de Lunesse, près les Mérigots.

ANDROPOGON ISCHÆMUM *L. sp.* 1843. *A.C.* — Bois sablonneux des Planes; Bardines (*Oxfordien*); coteaux de la Petite-Garenne (*Angoumien*); bois de Chez-Grelet (*Carentonien*).

PHRAGMITES COMMUNIS *Trin. fund. agr. p.* 154. *Arundo phragmites L. sp.* 120. *Giboin in quenot st. ch. p.* 34. *C.C.C.* — Bords des eaux; bords de la Charente; Roffit; Chalonnes; Vars; Balzac; prairies tourbeuses de Breuty; Saint-Marc; le Got; La Tranchade; La Couronne; Mouthiers; Montmoreau; Chalais.

CALAMAGROSTIS EPIGEIOS *Roth. fl. germ.* 1. *p.* 34. *P. C.* — Forêt de Basseau, près St-Michel; bois de l'Epineuil; landes de Montmoreau (*Sables d'alluvion et cailloux roulés*).

—LANCEOLATA *Roth. germ.* 1. *p.* 34. *R.R.* — Bords de la Charente, près Bardines.

AGROSTIS ALBA *L. sp.* 93. *C.C.* — Moissons sablonneuses de Vesnat; sables de la Poudrerie, près le petit bois de pins; champs de la commune de Verdille (*Oxfordien*).

GASTRIDIUM LENDIGERUM *Gaud. helv.* 1. *p.* 176. *Agrostis*

lendigera D C. fl. fr. 3. p. 18. P.C. — Planteane, commune de Verdille *(Oxfordien)*; vignes de Basseau *(Gardonien)*; Petite-Garenne *(Angoumien)*.

POLYPOGON MONSPELIENSE *Desf. atl. 1. p. 67. R.R.R.* — Talus de la route de Jarnac à Segonzac, près le bois de Montagon *(Purbeckien)*; dans un lieu très-sec et aride.

MILIUM EFFUSUM *L.. sp. 90. P.C.* — Bois du Vergnel, près Luxé ; forêt de Basseau, dans les lieux humides et ombragés ; forêt de Ruffec.

AIRA CARYOPHYLLEA *L. sp. 97. Avena caryophyllea Wigg. prim. fl. hols. 10. Aira caryophyllea Giboin in quenot st. ch. p. 34. C.C.* — Les Hubelines, commune de St-Médard ; toute la forêt de Ruffec et de Basseau.

DESCHAMPSIA CÆSPITOSA *P. Beauv. agrost. 91. Aira cæspitosa. L. sp. 96. Giboin in quenot st. ch. p. 34. A.C.* — Forêt de Jarnac.

— **FLEXUOSA** *Gris. spic. fl. rum. et bith. 2. p. 457. Aira flexuosa L. sp. 96. P.C.* — Coteaux de Garde-Epée, commune de St-Brice ; forêt de Basseau ; sables de la Poudrerie.

AVENA SATIVA *L. sp. 118. Giboin in quenot st. ch. p. 34* — Cultivé en grand et quelquefois subspontané dans les prairies, les champs cultivés.

— **BARBATA** *Brot. lus. 1. p. 108. R.R.R.* — Nous n'avons rencontré cette jolie espèce qu'une seule fois dans un champ de luzerne, en face des moulins de la Poudrerie.

— **FATUA** *L. sp. 118. C.C.C.* — Dans les champs de toutes les moissons.

— **pubescens** *L. sp.* 1665. *C.C.C.* — Dans tous les bois du département.

Arrhenatherum elatius *Mert et Koch. deutschl. fl.* 1. *p.* 546. *Avena elatior L. sp.* 117. *Giboin in quenot st. ch. p.* 34. *C.C.C.* — Prairies, champs cultivés ; partout.

Trisetum flavescens *P. Beauv. agrost. p.* 88. *t.* 18. *f.* 1. *Avena flavescens. L. sp.* 118. *A.C.* — Prairies ; bois l'Oiseau ; les Lamberts ; Basseau.

Holcus lanatus *L. sp* 1485. *C.C.C.* — Dans toutes les prairies.

— **mollis** *L. sp.* 1485. *P.C.* — Forêt du Vergnet, près Luxé (*Oxfordien*); la Braconne (*Corallien*).

Koeleria setacea *Pers. syn.* 1. *p.* 97. *C.C.C.* — Tous les coteaux calcaires des environs d'Angoulême ; chaumes du Péré ; rochers des environs de Cognac ; forêt de la Braconne.

— **phleoides** *Pers. syn.* 1. *p.* 97. *Festuca cristata L. sp.* 111. *R.R R.* — Bords de la route d'Angoulême à Rouillac, près Bardines.

Glyceria fluitans *R. Brown. prodr.* 1. *p.* 179. *Festuca fluitans L. sp.* 111. *A.C.* — Fossés des environs de l'Isle-d'Espagnac ; bords de la Charente ; la Cagouillère ; St-Michel ; l'Anguienne ; St-Marc.

— **plicata** *Fries. mant.* 3. *p.* 176. *A.R.* — Fossés des Mérigots, Foulpougne, le Pontouvre, Roffit, le Gond.

— **aquatica** *Wahlberg. fl. goth. p.* 18. *G. spectabilis Mert. et Koch. deutschl. f.* 1. *p.* 586. *C. C.C.* — Bords de la

Charente à Roffit, Vesnat, St-Cybard, Basseau, St-Michel, Châteauneuf, Cognac.

Poa annua *L. sp. 99. Giboin 'in quenot st. ch. p. 34. C.C. C.* — Partout.

— nemoralis *L. sp. 102. A.C.* — Forêt de Basseau, dans les lieux humides et très-ombragés ; garenne d'Estrade, commune de Verdille ; bois de Clergon.

— serotina *Ehrh. Beitr. 6. p. 83. et Calam. n° 82. R.R.* — Bois de Frayères, près Longré.

— bulbosa *L. sp. 102. P.C.* — ₴Pelouses arides des Bretonnières, près Roullet ; forêts de la Malestrade, de Boixe, Puymerle.

Var. *6.* vivipara *Coss. et Germ. fl. par. 642. A.C.* — Chemin de Chante-Grelet, sur les vieux murs ; Taizé-Aizie ; Verteuil ; rochers au-dessus du gouffre de la Touvre.

— compressa *L. sp. 101. A. R.* — Champs de Garde-Epée, commune de St-Brice.

Eragrostis megastachya *Linck. hort. ber. 1. p. 187. Briza eragrostis L. sp. 103. Giboin in quenot st. ch. p. 34. P.C.* — Champs de Syllac ; jardins de Lunesse ; Isle-d'Espagnac, surtout dans les terrains sablonneux et cultivés.

— pilosa *P. Beauv. agrost. p. 71. Poa pilosa L. sp. 100. P.C.* — Champs de Syllac, du Cimarre, également dans les terrains sablonneux et cultivés.

Nous n'avons point remarqué que la racine de cette espèce exhale une forte odeur de musc, comme le fait observer M. de Dives (*in cat. Dord. Desmoulins. suppl. fin. p. 371*), mais bien une odeur insupportable et qui ne peut être comparée qu'à celle de la *châtaigne* du cheval, cette excroissance cornée qui se développe à la partie interne des jambes de ce solipède.

BRIZA MEDIA *L. sp.* 103. *Giboin in quenot st. ch. p.* 34. *C. C.C.* — Pelouses, bois secs, prairies.

— MINOR *L. sp.* 102. *R.R.* — Moissons et châtaigneraies de Vesnat.

MELICA CILIATA *L. fl. suec. éd.* 2. *p.* 26. *R.R.R.* — Carrières de Bonpart.

Cette espèce, d'après MM. Grenier et Godron (*fl. fr.* 3. *p.* 551), n'existe en France qu'en Alsace. Les savants auteurs l'ont parfaitement définie, et notre plante des carrières se rapproche en tout point de leur diagnose, surtout pour les caryops, *bruns, un peu luisants, finement ridés sur toute leur surface, elliptiques, atténués aux deux bouts;* et par ses feuilles *linéaires, planes et à la fois pliées en deux.*

Elle diffère de l'espèce suivante, en ce que cette dernière a ses caryops *bruns, luisants, elliptiques, très-lisses sur le dos, moins finement chagrinés sur la face interne,* et ses feuilles, *très-étroites, enroulées, sétacées.*

— NEBRODENSIS *Parl. fl. palerm.* 1. *p.* 120. *et fl. ital.* 1. *p.* 300. *R.R.* — Coteaux de la Charente, près de Bourg.

— UNIFLORA *Retz. obs.* 1. *p.* 10. *C.* — Bois frais, forêts de Basseau, de Jarnac, de Ruffec, de Tusson, Petite-Garenne; bois de Clergon, dans les endroits très-ombragés.

SCLEROPOA RIGIDA *Gris. spic. fl. rum.* 2. *p.* 431. *Festuca rigida Kunth. enum.* 1. *p.* 392. *C.C.C.* — Champs des environs d'Aigre; forêt de Ruffec, endroits secs; chaumes des Halliers; vieux murs près de l'Oille-Morte; chaumes du Petit-Rochefort, au Château-du-Diable.

DACTYLIS GLOMERATA *L. sp.* 105. *C.C.C.* — Dans toutes les prairies, sur le bord des chemins.

MOLINIA CÆRULEA *Mœnch. meth.* 183. *Festuca cærulea L. sp.* 95. *Melica cærulea L. mant. p.* 325. *Giboin in quenot st. ch. p.* 34. *A.C.* — Marais de l'Houme, bois marécageux de St-Michel et de l'Epineuil, près Vesnat.

DANTHONIA DECUMBENS *D C. fl. fr. 3. p.* 33. *Poa decumbens Koel gram.* 242. *P.C.* — Ste-Sévère, près la forêt de Jarnac; Petite-Garenne, dans les endroits très-secs; marécages de la forêt de Basseau, près Grelet.

CYNOSURUS CRISTATUS *L. sp.* 105. *C.C.C.* — Bois, prairies sablonneuses et arides.

— **ECHINATUS** *L. sp.* 105. *R.R.* — Nous ne l'avons recueilli qu'une seule fois dans les sables d'alluvion de la Poudrerie, en face des moulins.

VULPIA PSEUDOMYUROS *Soy-Willm. in Godr. fl. lorr. 3. p.* 177. *Festuca pseudomyuros Soy.-Willm. ann. sc. nat. ser. 1. t. 7. p.* 240. *et obs.* 130. *A.C.* — Sables d'alluvion de la Poudrerie; coteaux de la route d'Angoulême à Rouillac, près les Planes; Garde-Epée.

— **SCIUROIDES** *Gmel. bad. 1. p.* 8. *Festuca bromoides Sm. brit. 1. p.* 118. *R.R.* — Landes tertiaires et argiles réfractaires de Soyaux, le Grand-Lac, Sainte-Catherine; la Terne, près Luxé; Vars, Larochefoucauld.

— **MYUROS** *Rchb. fl. excurs. 1. p.* 37. *(non Gmel.) Festuca ciliata Pers. syn. 1. p.* 94. *C.* — Champs de la commune de Verdille, Cognac, St-Brice.

Festuca duriuscula *L. sp.* 108. *C.C.* — Bois l'Oiseau, commune de Sonneville ; Cognac ; Verdille ; Tusson ; forêt de Basseau.

> Var. ϰ genuina *Godr. fl. lorr.* 3. *p.* 172. *A.C.* —Se rencontre dans les mêmes localités que le type, mais dans les endroits un peu ombragés.

— heterophylla *Lam. fl. fr.* 3. *p.* 600. *A.C.* — Forêt de Basseau ; bois des Lamberts ; St-Michel ; lieux humides et couverts.

— varia *Hœnk. in Jacq.coll.* 2. *p.* 94. *A.C.* — Sables d'alluvion de la Poudrerie ; forêt de Basseau ; bois de Fléac (*Kimmeridgien*).

Bromus tectorum *L. sp.* 114. *Giboin in quenot st. ch. p.* 34. *P.C.* —Remparts d'Angoulême, près Beaulieu ; vieux murs des Bretonnières.

— sterilis *L. sp.* 113. *C.C.C.* — Partout.

— madritensis *L. sp.* 114. *B. diandrus Curt. fl. lond. fasc.* 6. *t.* 5. *P.C.* —Bords de la grande route de Cognac à Merpins.

— asper *L. fil. suppl.* 111. *A.R.* —Bois de la Poudrerie, de Frayères, commune de Longré ; Estrade, près Verdille ; la Braconne (*Corallien*) ; Vergnet, près Luxé (*Portlandien*); Cognac (*Coniacien*), St-Brice (*Sables tertiaires*).

— erectus *Huds. angl.* 49. *C.C.C.* — Forme le fond des mauvaises prairies artificielles, mais seulement dans les arrondissements de Ruffec et de Cognac.

Serrafalcus commutatus *Godr. fl. lorr.* 3. *p.* 184. *Bromus. mollis L. sp.* 112. *R R.* Champs en face du village des Mortiers, commune d'Anville (*Portlandien*) ; chemin du Got à Espagnac, près le Grand-Lac (*Coniacien*).

— mollis *Parl. pl. rar. sic. fasc.* 2. *p.* 11. *et fl. ital.* 1. *p.* 395. *Bromus mollis L. sp.* 112. *C.C.C.* — Dans tous les champs et les prairies.

Hordeum murinum *L. sp.* 126. *Giboin in quenot st. ch. p.* 34. *C.C.C.* — Chemins, décombres, lieux incultes ; partout.

— secalinum *Schreb. spic.* 148. *H. pratense Huds. angl. éd.* 2. *p.* 56. *A.C.* — Lacheville, près Ranville (*Oxfordien*) ; lieux arides près Foulpougne (*Portlandien*).

— maritimum *With. arrang.* 172. *H. geniculatum All. ped.* 2. *p.* 259. *t.* 91. *f.* 3. *R.R.* — Ateliers du chemin de fer, près Foulpougne (*Angoumien*) ; route de Paris, près le Pontouvre.

Elymus europæus *L. mant.* 35. *Hordeum sylvaticum Huds. angl. éd.* 2. *p.* 57. *Cuviera europœa Kœl. gram.* 328. *R.R.R.* — Bois du Vergnet, près Luxé ; bois près Vesnat, le long d'un fossé.

Agropyrum campestre *Godr. et Gren. fl. fr.* 3. 607. *R.* — Champs des environs de Mouthiers ; Vœuil ; moulin de Bourisson.

— repens *P. Beauv. agrost.* 102. *Triticum repens L. sp.* 128. *P.C.* — Bords de la Charente, près la Poudrerie ; les Argentiers.

— caninum *Rœm. et Schult. syst.* 2. *p.* 756. *Triticum caninum Huds. angl. Giboin in quenot st. ch. p.* 34. *A.C.* — Environs de Vars ; bois de Freyères, commune de Longré (*Orfordien et Portlandien*); Cognac (*Coniacien*).

BRACHYPODIUM SYLVATICUM *R. et Schultz. syst.* 2. *p.* 741. *C.*
— St-Marc ; Basseau ; Planteaue, commune de Verdille ;
endroits rocailleux et ombragés des bois et des taillis.

— PINNATUM *P. Beauc. agrost. p.* 101. *C.* — Bois des environs d'Anville ; champs de Basseau ; Espagnac ; Soyaux ;
lieux secs et très-arides.

— DISTACHYON *P. Beauc. agrost.* 155. *Bromus distachyos*
L. sp. 115. *R.R.R.* — Coteaux calcaires de la Couronne
et de la Tourette.

Très-abondant dans les localités où il se rencontre, mais peu
répandu.

LOLIUM PERENNE *L. sp.* 122. *C.C.C.* — Chemins ; lieux battus et argileux ; partout.

— ITALICUM *Braun. fl. od. bot. Zeit.* 1834. *p.* 241. *R.* —
Moissons sablonneuses des Lamberts, de Basseau , St-Michel, Fléac.

— MULTIFLORUM *Lam. fl. fr.* 3, *p.* 621. *R.* — Champs du
village des Mortiers, commune d'Anville ; prairies artificielles de la Poudrerie et de Basseau.

— LINICOLA *Sond. in Koch. syn.* 957. *L. arvense Schrad.*
germ. 1. *p.* 399. *R.R.R.* — Champs de lin , près les
Mortiers, commune d'Anville.

— TEMULENTUM *L. sp.* 122. *Giboin in quenot st. ch. p.* 34.
A. C. — Moissons de la Poudrerie ; des Lamberts ; Basseau ; le Maine-Blanc.

GAUDINIA FRAGILIS *P. Beauc. agrost. p.* 95. *Avena fragi-*

lis **L.** *sp.* 119. *P.C.* — Route de Sainte-Sévère à Cognac (*Purbeckien*) ; chemin de Fléac ; bords de la route de Basseau, près le pont (*Gardonien*).

Nardurus tenellus *Rchb. exsicc.* n° 105 ! *Festuca tenuiflora* **Koch.** *syn.* 937. *A.C.* — Cognac ; Merpins ; Auge ; Verdille.

— **lachenalii** *Godr. fl lorr.* 3. *p.* 187. *R.* — Coteaux au sud-est de Verdille.

Lepturus cylindricus *Trin. fund. agrost.* 123. *de Rochebrune in Coss. notes sur quelques plantes critiques. p.* 12. (1848) *et in Puel et Maille. herb. fl. loc.* n° 16 ! *Rottbollia cylindrica Willd. sp.* 1. *p.* 464. *Monerma subulata P. Beauv. agrost.* 117. *C.C.C.* — Bois de la Petite-Garenne (*Angoumien*) ; chaumes de Crages, de la Tourette (*id*) ; forêt de Basseau (*Gardonien et Cailloux roulés*) ; bois de l'Epineuil (*Portlandien*) ; vignes de Lunesse (*Argiles tégulines*) ; Bois de Saint-Michel (*Carentonien*) ; route de Périgueux, près Espagnac (*Coniacien*) ; bois situé à l'embranchement de la route de Montbron avec celle de Limoges (*Portlandien et Sables-Verts*).

Jusqu'au 18 juillet 1848, époque à laquelle l'un de nous (**de Rochebrune**), découvrit pour la première fois cette espèce , dans le bois de la Petite-Garenne, le *L. cylindricus* n'avait jamais été observé en France que dans les régions maritimes du littoral de la Méditerranée, soit dans le sable, soit dans les terrains argileux. (*Sablettes et diverses localités des environs de Toulon ; Colombier et Planduar, près Fréjus ; Cette ; bords de la Méditerranée en Languedoc*).

Dès le principe, la présence du *Lepturus* dans le bois de la

Petite-Garenne, seule localité où nous le connaissions alors, nous porta à penser que cette plante, considérée par les auteurs comme essentiellement maritime, avait été introduite dans cette localité du département par une cause étrangère et qu'elle s'y était naturalisée.

Depuis, sa présence dans un grand nombre de stations toutes éloignées les unes des autres, nous a convaincu que notre première supposition était fausse, qu'elle ne s'était point naturalisée, mais qu'il fallait la regarder comme incontestablement propre à la Flore Charentaise.

Ce qui milite en faveur de cette dernière opinion, c'est non-seulement comme nous venons de le dire, la présence du *Lepturus* dans des stations nombreuses et éloignées, mais aussi dans des terrains complétement différents.

Tantôt nous le voyons dans les Sables et les Argiles, à Lunesse et dans le bois voisin de la route de Montbron, localités identiques pour le sol à celles des environs de Toulon ; tantôt dans les différents étages, soit de formation Jurassique, soit de formation Crétacée proprement dite.

Ces différentes *stations géologiques* du *Lepturus*, si nous pouvons nous servir de cette expression, prouvent que tous les terrains lui sont indifférents ; et pour qu'il soit parvenu à s'étendre sur une surface aussi vaste que celle qu'il occupe, il faut que son existence dans la Charente date d'une époque bien éloignée, où ce qui est plus vraisemblable, qu'il soit autochtone du département même.

Il est certaines espèces de plantes dont on peut faire remonter l'apparition dans un département, à une époque certaine et fixe, parce que chez ces espèces il peut y avoir déjà des données qui, par une suite de déductions, conduisent à des résultats que viennent confirmer les observations ultérieures.

Mais il en est d'autres qui font pour ainsi dire partie intégrante du sol même où elles croissent et dont l'origine étrangère à la Flore d'un département, ne pourrait être trouvée malgré les recherches les plus assidues.

Le *Lepturus cylindricus* Charentais doit être classé au nombre de ces dernières.

L'abondance de cette graminée dans le département de la Charente-Inférieure, et notamment dans les marais salants de l'Ile-d'Oleron où nous l'avons découverte dernièrement, en outre sa présence dans les environs de Beauvais-sur-Matha, sur la limite des deux Charentes, nous fait supposer qu'elle s'avance insensiblement dans les terres en suivant les côtes jusque dans notre département qui doit être considéré comme sa limite extrême.

Avant de laisser cette curieuse espèce, qu'il nous soit permis de signaler une erreur qui s'est sans doute involontairement glisée dans la Flore de l'Ouest de la France, par M. Lloyd (*page* 545).

Le savant auteur indique le *Lepturus* comme croissant dans la Charente, et il fait suivre cette indication du nom de M. A. *Guillon*, laissant ainsi supposer que la découverte de cette graminée dans notre région est due à notre collègue Charentais.

Nous avons indiqué dans la synonimie que nous donnons au commencement de ces observations, à quelle source on doit remonter pour connaître l'auteur véritable de cette découverte.

Il y a certes bien peu de mérite à trouver une plante, mais

nous croyons qu'il y a justice à ne pas priver l'inventeur de ce mérite, quelque faible qu'il puisse être.

CXLIII. FILICES (Juss.)

OSMUNDA REGALIS *L. sp.* 1521. *Giboin in quenot st. ch. p.* 33. *R.R.* — Bords du ruisseau qui s'échappe de l'étang de Puycouteau, commune de La Tâtre ; bords des rivières la Marchadène et l'Issoire, près de Brillac, où cette espèce est très-abondante et d'une végétation superbe.

Elle est particulière dans notre département aux terrains siliceux et granitiques.

CETERACH OFFICINARUM *Willd. sp.* 5. *p.* 136. *Asplenium ceterach L. sp.* 1538. *Giboin in quenot st. ch. p.* 33. *C.C.* — Vieux murs, rochers ; St-Marc ; Hurtebise ; haies rocailleuses de l'Epineuil ; murs des Bretonnières, près Roullet ; église de Ste-Sévère ; Château-Renaud, près de Fontenille ; La Terne, près Luxé.

POLYPODIUM VULGARE *L. sp.* 1544. *Giboin in quenot st. ch. p.* 33. *C.C.* — Bois humides de la forêt de Basseau, Poudrerie ; vieux murs d'Angoulême, troncs des vieux arbres de l'avenue du château de Larochefoucauld.

Les échantillons recueillis sur les vieilles murailles sont tout au plus d'un décimètre de haut, les segments des frondes sont très-courts et ne portent qu'un petit nombre de groupes de sporanges à leur extrémité.

Aspidium aculeatum *Dœll. rh. fl. 20. Polypodium aculea-tum L. sp.* 1552. *A. R.* — Entrée de la Fosse-Mobile, près Agris ; forêt de la Braconne *(Corallien)*; Bourg-Charente; haies près l'église de Chantillac *(Sables tertiaires)*.

Polystichum thelypteris *Roth. tent. 3. p. 77. Polypodium thelypteris L. mant.* 505. *A. C.* — Bords des eaux ; fos-sés des environs de St-Marc et d'Hurtebise ; tourbières de St-Michel ; marécages de Belle-Roche.

— filix-mas *Roth. tent. germ. 3. p. 82. Aspidium filix-mas. Sw. syn.* 55. *R. R.* — Rochers des environs d'Al-loue *(Lias inférieur)* ; bois humides des environs de St-Germain-sur-Vienne ; Brillac ; Lesterps *(Schistes cris-tallins, Granit)*.

Nous n'avons vu cette espèce que dans l'arrondissement de Confolens, ce qui nous porte à croire qu'elle affectionne les ter-rains primitifs et les formations jurassiques qui reposent immé-diatement au-dessus.

— spinulosum *D C. fl. fr. 2. p.* 361. *Aspidium dilatatum Godr. fl. lorr. 3. p.* 209. *Nephrodium cristatum Coss. et Germ. par.* 672. *R. R.* — Bois de Saint-Mary, près St-Angeau (Lecler).

Asplenium filix-foemina *Bernh. in Schrad. Journ.* 1. *pars. 2. p. 27. t. 2. f. 7. P. C.* — Bords de la Tardouère, en face des grottes de Rancogne, près Larochefoucauld (Le-cler).

— halleri *D C. fl. fr. 5. p.* 240. *Athyrium fontanum D C. fl. fr. 2. p.* 557. *R. R. R.* — Rochers humides de Saint-Germain-sur-Vienne *(Granit)*.

Cette espèce, très-rare pour la Charente, et qui n'est connue en France, d'après MM. Grenier et Godron (*fl. fr.* 3. *p.* 645), que sur les rochers humides et ombragés du Jura, de l'Auvergne, des Alpes et des Pyrénées, arrive dans notre département par les montagnes de l'Auvergne et du Limousin, dont les rochers granitiques du Confolanais ne sont que les prolongements.

Ce n'est qu'après avoir cueilli cette charmante plante dans la localité sus-indiquée, que nous avons appris de M. Guillon lui-même, que c'est à lui qu'est due la découverte de cette espèce dans la Charente.

— TRICHOMANES *L. sp.* 1540. *C.C.C.* — Vieux murs, rochers humides ; St- Marc ; Hurtebise ; le Peux (*Angoumien*); Frégeneuil (*Provencien*) ; Garde-Epée (*Purbeckien et Sables tertiaires*).

— SEPTENTRIONALE *Sw. syn. fil.* 75. *Puel et Maille. fl. loc. exsicc. n° 40. R.* — Rochers arides et à pic de St-Germain-sur-Vienne (*Granit*).

Ne se trouve dans la Charente que dans les terrains primitifs.

— RUTA-MURARIA *L. sp.* 1541. *C.C.* — Rochers et vieux murs de St-Marc, Hurtebise, le Got, le Peux ; chemin des Lamberts, près Angoulême.

— ADIANTHUM-NIGRUM *L. sp.* 1541. *A.C.* — Haies ombragées et sablonneuses des Lamberts, près Angoulême; bois de St-Michel ; forêt de Basseau, dans un chemin qui longe le cimetière de Bardines.

SCOLOPENDRIUM OFFICINALE *Smith. act. taur.* 5. *p.* 410. *t.* 9. *Asplenium scolopendrium L. sp.* 1537. *Giboin in que-*

not st. ch. p. 33. *C.C.C.* — St-Marc; Hurtebise; dans un puits de Lunesse, où les frondes atteignent quelquefois jusqu'à 1 mètre de haut sur 25 millimètres de large.

BLECHNUM SPICANT *Roth. tent.* 3. *p.* 44. *Osmunda spicant L. sp.* 1522. *R.R.R.* — Environs de Confolens, où nous n'en avons trouvé qu'un seul échantillon en parfait état.

PTERIS AQUILINA *L. sp.* 1533. *Giboin in quenot st. ch. p.* 33. *C.C.C.* — Bois sablonneux , moissons des terrains maigres ; toute la forêt de Basseau ; la Petite-Garenne ; bois de Vesnat; champs des Planes.

Il est excessivement rare de trouver cette espèce en fructification. Jamais elle ne présente cet état dans tous les bois de notre département où elle se rencontre.

L'ombre et l'humidité paraissent lui être contraires , et dans ces conditions elle est constamment stérile.

Nous ne l'avons récoltée en parfait état que dans les moissons de Basseau, champs formés à la suite du défrichement d'une portion de cette forêt.

La sècheresse et l'aridité du sol ainsi que l'influence directe des rayons solaires, paraissent favoriser considérablement le développement des organes reproducteurs.

ADIANTHUM CAPILLUS-VENERIS *L. sp.* 1558. *A.C.* — Sous les rochers humides et dans les excavations de St-Marc, Hurtebise ; sur les murs d'une fontaine appelée la Fontaine-des-Trois-Canons, près le port d'Angoulême.

Notre ami, M. le docteur Lecler, nous a indiqué cette espèce sous les arches du pont de Châteauneuf, mais nous l'y avons inutilement cherchée.

CXLIV. EQUISETACEÆ (Rich.)

EQUISETUM ARVENSE *L. sp.* 1516. *Giboin in quenot st. ch. p.*
33. *A.C.* — Prairies de Crotet, commune d'Auge ; prairies entre Brossac et Chillac ; champs sablonneux des environs de Lunesse, des Mérigots, de Basseau et des Argentiers.

— TELMATEYA *Ehrh. beitr.* 2. *p.* 159. *E. fluviatile Smith.*
brit. 1104. *Giboin in quenot st. ch. p.* 33. *A.R.* —
Bords des fossés à Belle-Roche, près la Tourette ; Barillon, près La Couronne.

Nous n'avons jusqu'ici rencontré que les tiges stériles de
cette espèce, bien que nous ayons parcouru les localités qu'elle
habite à l'époque où paraissent les tiges fertiles.

— PALUSTRE *L. sp.* 1516. *C.C.C.* — Prairies de Longré, St-
Cybard ; marais de Breuty ; St-Marc ; le Got.

Var. 6. POLYSTACHYON *Coss. et Germ. fl. par. p.* 677.
A.C. — Mélangé avec le type, et dans les champs cultivés et humides des Bretonnières, près Roullet.

Les auteurs de la Flore de France ne font aucune mention
de cette variété, peut-être avec raison, pensant probablement
(et c'est ce qui arrive le plus souvent), que cet état de la plante
ne se présente que lorsqu'elle a été coupée, ce sont alors les
repousses qui portent toutes un épi fructifère.

— LIMOSUM *L. sp.* 1517. *P.C.* — Prairies de Longré ; Pierre-
Dure.

Var. 6. **ramosum** *Gren. et Godr. fl. fr. 3. p.* 644. — Se trouve mélangé avec le type.

Cette variété se distingue par ses tiges munies de rameaux verticillés.

Elle est selon nous, de peu de valeur, car, on rencontre fréquemment des échantillons tantôt à tiges entièrement nues *var. α. genuinum* des auteurs précités, tantôt à tiges munies de rameaux verticillés *var. 6. ramosum (loc. cit)*, tantôt enfin à tiges nues dans leur partie inférieure et à rameaux verticilés dans la seconde moitié.

CXLVIII. CHARACEÆ (L. C. Rich.)

La place que la famille des *Characées* doit occuper dans la grande division des végétaux, est aujourd'hui fixée dans la cryptogamie et dans le voisinage immédiat des Algues. C'est ce qui explique le silence que MM. Grenier et Godron gardent sur les différentes espèces Françaises de cette famille, dans leur flore de France.

Quoique nous ayons choisi pour guide de ce travail, comme nous l'avons déjà exposé dans notre Avant-Propos, la Flore précitée, nous ne suivrons pas ici en ce qui concerne les *Characées,* la marche adoptée par les savants floristes.

Nous terminons ce Catalogue à l'exemple de plusieurs auteurs, par l'exposé de nos *Characées* charentaises, en adoptant la savante nomenclature de feu
Wallman, dans sa monographie. *(Essai d'une exposition
systématique de la famille des Characées. in actes.
Acad. Roy. des scie. de Stockolm. 1854)*.

Nitella tenuissima *Chara tenuissima Desv. journ. bot. II.
313. Coss. et Germ. fl. par. p.* 683 *et ill. tab. XLI. F.
f. 1. 2. Wallman. monog. p.* 16. **R.R.R.** — Nous
avons récolté cette charmante espèce dans une flaque d'eau
profonde de la prairie de Vesnat, appelée Grande-Fosse *(Oxfordien)*.

Il faut remarquer que cette espèce se détache du sol et sur-
nage à l'époque où les sporanges sont arrivés à leur état parfait.

Il faut au *N. tenuissima* une eau profonde et un sol sablonneux.

— **mucronata** *var.* ℰ. **heteromorpha** *Al. Braun. monogr.
Chara nidifica Rchb. ic. cent. VIII. f.* 1071. *Coss.
et Germ. fl. par.* 683 *et ill. tabl. XL. D. f. 4-5. Wal-
man. monogr. p.* 22. **R.R.R.** — Dans un fossé près
la Poudrerie *(Gardonien)*.

— **translucens** *ill. fl. par. Coss. et Germ. fl. par.* 682. *et
ill. t. XL. B. f.* 1. 2. 3. *Wallman. monogr. p.* 27. *R.
R.* — Dans un ruisseau du village d'Aizé, près Aigre
(Portlandien).

— FLEXILIS *A. Braun. N. brogniartiana Weddel in cat. rais. fl. par.* 152. *Coss. et Germ. fl. par.* 682 *et ill. tab. XL. C. f.* 1. 2. *Wallman. monogr. p.* 28. *R.R.R.* — Ravin de l'Etang-Neuf, près Lesterps *(Granit)*.

— GLOMERATA *Coss. et Germ. fl. par.* 681 *et ill. tab. XLI. H. f.* 1. 2. *Wallman. monogr. p.* 35. *Chara nidifica fl. dan. t.* 761. *R.R.R.* — Dans une fontaine attenant au château de Touvérac *(Sables tertiaires)*.

CHARA COARCTATA *Wallman. monogr. p.* 61. *Chara fœtida var. densa Coss. et Germ. fl. par. p* 680 *et ill. tab. XXXVII. f.*8. *C.C.C.* — Crotet, commune d'Auge ; ruisseau le long de la route de Sainte-Barbe ; fossés de Vesnat près la Cagouillère ; Saint-Marc ; étang d'Hurtebise.

— FÆTIDA *Al. Braun. bot. zeit* (1835. *Januar*). 63. *Coss. et Germ. fl. par. p.* 679 *et tab. XXXVII. f.* 1. *Wallman. monogr. p.* 63. *C.C.C.* — Dans les fossés, les petites rivières, les eaux stagnantes ; partout.

— LONGIBRACTEATA *Ktzg. Chara fœtida var. longibracteata Coss. et Germ. fl. par. p.* 680 *et ill. tab. XXXVII. f.* 7. *Wallman. monogr. p.* 65. *A.C.* — Fossés de Vesnat, près la Cagouillère ; Saint-Marc ; Hurtebise.

— HISPIDA *L. sp.* 1624. *Wallman. monogr. p.* 167. *Coss. et Germ. fl. par. p.* 679 *et ill. tab. XXXVIII. B. f.* 1. 2. *A.C.* — Fossés de la prairie de Vesnat ; l'Anguienne ; l'Houme et les marécages qui en dépendent.

Var. ζ. PSEUDOCRINITA *Coss. et Germ. fl. par. p.* 679 *et ill. t. XXXVIII. B. f.* 3. *Wallman. monogr. p.* 69. *A.C.* — Fossés de Vesnat ; tout le cours de la Charente ; ruissceau des Eaux-Claires, près le Petit-Rochefort; tourbières de La Couronne; La Courade.

— FRAGILIS *Desv. apud. Loisel. not. fl. fr.* 437. *Wallman. monogr. p.* 84. *Coss et Germ. fl. par. p.* 680 *et ill. tab. XXXVIII. C. f.* 1. 2. *P.C.* — Ruisseau qui traverse les prairies de la Tourette; l'Anguienne; la Boême, près La Couronne.

— CAPILLACEA *Thuill. fl. par.* 477. *Wallman. monogr. p.* 85. *Chara fragilis var. capillacea Coss. et Germ. fl. par. p.* 680. *P.C.* — Se rencontre dans les mêmes localités que l'espèce précédente.

TABLE

CATALOGUE MÉTHODIQUE

(pur et simple)

DES PLANTES CONTENUES DANS CE FASCICULE.

AVIS.

Nous donnons ici, sous forme de catalogue méthodique pur et simple, la table des espèces contenues dans ce premier fascicule afin que l'on puisse embrasser d'un seul coup d'œil, l'ensemble des espèces et variétés que nous avons pu réunir jusqu'à ce jour.

La table embrassant, soit les espèces, soit les observations ne sera donnée qu'à la fin du dernier des suppléments qui seront publiés ultérieurement.

Les noms d'espèces sont désignés par le caractère romain, le caractère italique désigne les variétés et les formes.

Les numéros placés à la suite de chaque nom in-

diquent la page du présent fascicule où les espéces
sont énumérées.

———

Ranunculaceæ.

Berberideæ.

Nymphæaceæ.

Papaveraceæ.

Violarieæ.

Resedaceæ.

Droseraceæ.

Polygaleæ.

Polygala vulgaris L.   39.
— calcarea Schultz. *(typus; et form. pumila)*.   40.
— depressa Wend.   40.

Sileneæ.

Cucubalus bacciferus L.   40.
Silene inflata Sm.   40.
— gallica L.   41.
— cretica L.   41.
— pratensis Gren.   41.
— diurna Gren.   41.
— nutans L.   41.
Lychnis flos-cuculli L.   41.
Agrostemma githago L.   41.
Saponaria officinalis L.   42.
Gypsophyla vaccaria Sibth.   42.
— muralis L.   42.
Dianthus prolifer L.   42.
— armeria L. 42.
— carthusianorum L.   42.

Alsineæ.

Sagina procumbens L.   42.
— apetala L.   43.
— patula Jord.   43.
Alsine tenuifolia Crantz.   43.
                    ε. viscida Thuil.   43.
Moehringia trinervia Clair.   43.

Lineæ.

Hypericineæ.

Acerineæ.

Ampelideæ.

Hyppocastaneæ.

Oxalideæ.

Rutaceæ.

Cæsalpinieæ.

Amygdaleæ.

Pomaceæ.

Lythrarieæ.

Lithrum salicaria L.   89.
—   hyssopifolia L.   90.
Peplis portula L.   90.

Cucurbitaceæ.

Bryonia dioica Jacq.   90.

Portulaceæ.

Portulaca oleracea L.   91.
montia minor Gmel.   91.
—   rivularis Gmel.   91.

Paronychieæ.

Polycarpon tetraphyllum L.   91.
Illecebrum verticillatum L.   91.
Herniaria glabra L.   92.
—   hirsuta L.   92.
Corrigiola littoralis L.   92.
Scleanthus annuus L.   92.

Crassulaceæ.

Sedum telephium L.   92.
—   fabaria Koch.   92.
—   cepæa L.   92.
—   rubens L.   93.
—   album L.   93.

Araliaceæ.

Hedera helix L.   99.

Corneæ.

Cornus mas L.   100.
—   sanguinea L.   100.

Lorantheæ.

Viscum album L.   100.

Caprifoliaceæ.

Sambucus ebulus L.   101.
—   nigra L.   101.
Viburnum lantana L.   101.
—   opulus L.   101.
Lonicera periclymenum L.   101.
—   xylosteum L.   101.

Rubiaceæ.

Rubia peregrina L.   102.
Galium crucicta L.   102.
—   boreale L. 102.
—   verum L.   102.
—   elatum Koch.   102.
—   corrudæfolium Vill.   102.
—   sylvestre Poll.   102.

Synanthereæ.

Verbenaceæ

Plantagineæ

Daphnoideæ.

Santalaceæ.

Aristolochieæ.

Cannabineæ.

Cupulifereæ.

Salicineæ.

Smilaceæ.

Dioscoreæ.

Irideæ.

Amaryllideæ.

Orchideæ.

Hydrocharideæ.

Juncagineæ.

Potameæ.

Cyperoideæ.

Gramineæ.

Filices.

Equisetaceæ.

FIN.

Angoulême, Impr. ARDANT JEUNE, place Marengo, 33.

www.ingramcontent.com/pod-product-compliance
Lightning Source LLC
LaVergne TN
LVHW021526170726
843501LV00004B/973